高等学校计算机专业系列教材

云计算容器化技术与实践

唐聃 申宇杰 陈金京 王燮 何磊 编著

机械工业出版社
CHINA MACHINE PRESS

现代信息科技的发展日新月异，信息化浪潮不断推动着社会的发展，其中软件技术的发展对当今社会的影响相当深远。本书聚焦于Docker与Kubernetes二者的有机结合，为广大读者讲解云计算容器化技术，旨在助力他们在这个数字化时代更好地掌握先进的软件运维技术。全书共5章，包括Linux基础知识、Docker基础知识、Kubernetes核心概念与原理、使用Kubernetes部署应用程序、Kubernetes的进阶使用，每章章末提供了习题，便于读者练习。

本书可作为高等院校云计算相关课程的教材或教学参考书，也可供想要提升管理和部署云环境能力的技术人员参考使用。

图书在版编目（CIP）数据

云计算容器化技术与实践 / 唐聃等编著. -- 北京：机械工业出版社，2025. 4. --（高等学校计算机专业系列教材）. -- ISBN 978-7-111-77274-3

Ⅰ. TP393.027

中国国家版本馆CIP数据核字第2025BU0371号

机械工业出版社（北京市百万庄大街22号 邮政编码100037）

策划编辑：朱 劼　　责任编辑：朱 劼 王华庆

责任校对：高凯月 张雨霏 景 飞　　责任印制：任维东

河北鹏盛贤印刷有限公司印刷

2025年4月第1版第1次印刷

185mm×260mm · 12.25印张 · 236千字

标准书号：ISBN 978-7-111-77274-3

定价：49.00元

电话服务

客服电话：010-88361066

010-88379833

010-68326294

网络服务

机 工 官 网：www.cmpbook.com

机 工 官 博：weibo.com/cmp1952

金 书 网：www.golden-book.com

机工教育服务网：www.cmpedu.com

前　言

随着业务规模的扩大和技术栈的日益复杂，传统的软件部署和管理方式逐渐显得力不从心。云计算容器化技术的兴起为解决这一难题提供了一种高效、灵活、可移植的解决方案。Docker 作为容器化技术的代表，通过轻量级、可移植的容器，实现了应用程序及其所有依赖项的一致性打包和部署。Kubernetes 则是一个开源的容器编排引擎，能够自动化地部署、扩展和管理容器化应用，使应用在不同环境中始终能够保持高可用性。Docker 和 Kubernetes 目前已成为云计算容器化和容器编排领域中最重要的技术，它们为应用程序的开发、部署和管理提供了革命性的解决方案，使得软件团队能够更加敏捷、高效地构建、交付和维护应用程序。相关技术已被广泛应用并改变了传统的软件开发和运维模式，成为云原生时代的核心基石。

本书系统地介绍了 Linux、Docker 和 Kubernetes 三大板块的内容。其中第 1 章为 Linux 基础知识的介绍，包括 Linux 的历史与发展、应用场景、安装方法和基础操作命令，作为后文内容的铺垫。在第 2 章中，我们对 Docker 技术进行了讲解，主要包括 Docker 的简介、Docker 镜像、Docker 容器、Docker 仓库、Dockerfile、Docker 容器编排几个板块的知识。在第 3 章中，我们介绍了 Kubernetes 的核心概念与原理，包括 Kubernetes 的诞生背景、节点、重要组件等内容，以及 Kubernetes 中的核心资源对象——Pod、Pod 控制器、Service（服务）、Label（标签）、Volume（卷）、ConfigMap 和 Secret。这些知识是 Kubernetes 体系中最核心的部分，也是使用 Kubernetes 技术搭建一个简单 Kubernetes 集群所需的最基础的知识。在第 4 章中，我们详细讲解了从准备 Kubernetes 基本环境到搭建 Kubernetes 集群，再到部署应用到集群上的全流程，此外，还介绍了 Kubernetes 集群可视化管理工具 Dashboard 的相关知识与部署方式。在第 5 章中，我们对 Kubernetes 体系中一些实用的进阶性内容进行了讲解，包括 Kubernetes API 访问控制、Pod 的计算资源管理、自动伸缩 Pod 与集群节点以及高级调度，以帮助 Kubernetes 集群管理者处理好生产场景中可能遇到的一些典型情况。

本书同时注重基础理论与实践，希望读者能通过书中的讲解多思考并动手练习，这样才能在实际工作中熟练应用所学知识。此外，在这个技术更新换代速度极快的时代，不断学习和更新自己的技术知识库是非常重要的。希望本书能够成为读者在云计算和容器化领域的良师益友，帮助读者在先进的技术路线上迈出更为坚实的步伐。

在编写过程中，笔者力求准确严谨，但由于技术在不断发展，加之笔者水平有限，书中难免存在不足之处，敬请广大读者批评指正，欢迎提出宝贵的意见和建议。

唐聃

于成都

目　录

第 1 章　Linux 基础知识

本章，我们将首先探索 Linux——一个在现代技术领域无处不在的强大操作系统。Linux 不仅是许多服务器和云基础设施的核心，也是开发和运维工作中不可或缺的一部分。本章介绍 Linux 系统的基本概念和命令行操作，以及如何有效地进行文件管理、用户与用户组管理和进程管理。此外，本章内容还涵盖磁盘和网络管理的要点，为读者在实际环境中处理各种系统任务提供必要的工具和知识。

1.1　Linux 的历史与发展

1.1.1　操作系统与 Linux

操作系统（Operating System，OS）是一组主管并控制计算机操作、运用和运行硬件、软件资源，提供公共服务来组织用户交互的相互关联的系统软件程序。在计算机时代，操作系统是计算机中最重要也是最基本的基础性系统软件。

从使用者的角度来说，操作系统可以对计算机系统的各项资源板块开展调度工作，其中包括软硬件设备、数据信息等，运用计算机操作系统可以减少人工资源分配的工作强度，使用者对于计算的操作干预程度减少，计算机的智能化工作效率就可以得到很大的提升。其次，在资源管理方面，如果由多个用户来共同管理一个计算机系统，那么可能就会有冲突存在于两个使用者的信息共享当中。为了更加合理地分配计算机的各个资源板块，协调计算机系统的各个组成部分，就需要充分发挥计算机操作系统的职能，对各个资源板块的使用效率和使用程度进行最优的调整，使各个用户的需求都能够得到满足。最后，操作系统在计算机程序的辅助下，可以抽象处理计算系统资源提供的各项基础职能，以可视化的手段来向使用者展示操作系统功能，降低计算机的使用难度。

目前市面上的操作系统主要有 Windows 操作系统、UNIX 操作系统、Linux 操作系统、mac 操作系统。其中 Linux 操作系统继承了许多 UNIX 的特性，并加入了一些新的功能，属于类 UNIX 操作系统。

所谓的类 UNIX 家族指的是一族种类繁多的 OS，此族包含 System V、BSD 与 Linux。由于 UNIX 是 The Open Group 的注册商标，特指遵守此公司定义的行为的操作系统。而类 UNIX 操作系统通常指的是比原先的 UNIX 包含更多特征的 OS。

类 UNIX 操作系统可在非常多的处理器架构下运行，在服务器系统上有很高的使用率，例如大专院校或工程应用的工作站。

1991 年，芬兰学生林纳斯·托瓦兹根据类 UNIX 操作系统 Minix 编写并发布了 Linux 操作系统内核，其后在理查德·斯托曼的建议下以 GNU 通用公共许可证发布，成为自由软件 UNIX 变种。Linux 近来越来越受欢迎，它们也在个人计算机市场上大有斩获，例如 Ubuntu 系统。

某些 UNIX 变种，例如惠普的 HP-UX 以及 IBM 的 AIX，仅设计用于自家的硬件产品，而 SUN 的 Solaris 可安装于自家的硬件或 x86 计算机上。苹果计算机的 macOS X 是一个从 NeXTSTEP、Mach 以及 FreeBSD 共同派生出来的微内核 BSD 系统，此 OS 取代了苹果计算机早期非 UNIX 家族的 macOS。

1.1.2　Linux 与 UNIX

UNIX 操作系统是由肯·汤普森（Ken Thompson）和丹尼斯·里奇（Dennis Ritchie）在 1969 年开发的。部分技术灵感来自 Multics 工程计划，该计划于 1965 年启动，由贝尔实验室、美国麻省理工学院和通用电气公司共同发起，旨在创建一种交互式、支持多任务处理的分时操作系统，以取代当时广泛使用的批处理操作系统。然而，Multics 项目变得庞大而复杂，最终以失败告终。贝尔实验室的研究人员，特别是肯·汤普森，从 Multics 项目的失败中吸取了教训，于 1969 年开发了 UNIX，其设计理念是小而精简。这一理念一直影响 UNIX 的发展至今。在 1973 年，UNIX 的源代码大部分被重写为 C 语言，这是 UNIX 发展的重要转折点，也为后来各种 UNIX 系统的出现铺平了道路。

Linux 内核最初由林纳斯·本纳第克特·托瓦兹（Linus Benedict Torvalds）在赫尔辛基大学开发。他对教学用的迷你版 UNIX 操作系统 Minix 不满意，于 1991 年 9 月发布了 Linux 内核的第一个版本，当时只有 10 000 行代码。他没有保留源代码的版权，将其公开，并邀请其他人一起贡献。据估计，如今的 Linux 内核代码中只有 2% 是由林纳斯·本纳第克特·托瓦兹亲自编写的。

Linux 的核心思想是“一切皆文件”，这意味着在 Linux 系统中，命令、硬件和软件设备、操作系统、进程等都被视为具有不同特性或类型的文件。这一思想与 UNIX 非常相似。

总的来说，Linux 和 UNIX 有着密切的关系，可以把这种关系看作父子关系，它们之间也有一些重要的区别。UNIX 是商业软件，需要付费使用，并且不是开源的。而 Linux 是由社区共同开发的，是开源的、免费的。此外，Linux 具备 UNIX 的所有功能，并且拥有更广泛的用户社群和支持。

图 1-1 所示是 Linux 的图标。Linux 图标上的企鹅是著名的 Linux 操作系统标志，被称为 Tux，通常被用作 Linux 社区和开发者的吉祥物。Tux 企鹅是 Linux 开源操作系统的象征，它代表了 Linux 社区对开放源代码、自由软件和合作的承诺。Linux 操作系统以开放源代码的方式提供，允许任何人查看、修改和分发其源代码。Tux 企鹅的形象是友好和愉快的，这代表了 Linux 社区的开放和友好精神。Linux 社区鼓励合作和分享，希望让每个人都能参与到开源软件的发展中来。Tux 企鹅的存在强调了软件自由的概念，即用户有权利自由使用、修改和传播软件。Linux 操作系统遵循自由软件的原则，用户可以根据自己的需求自由定制和使用它。

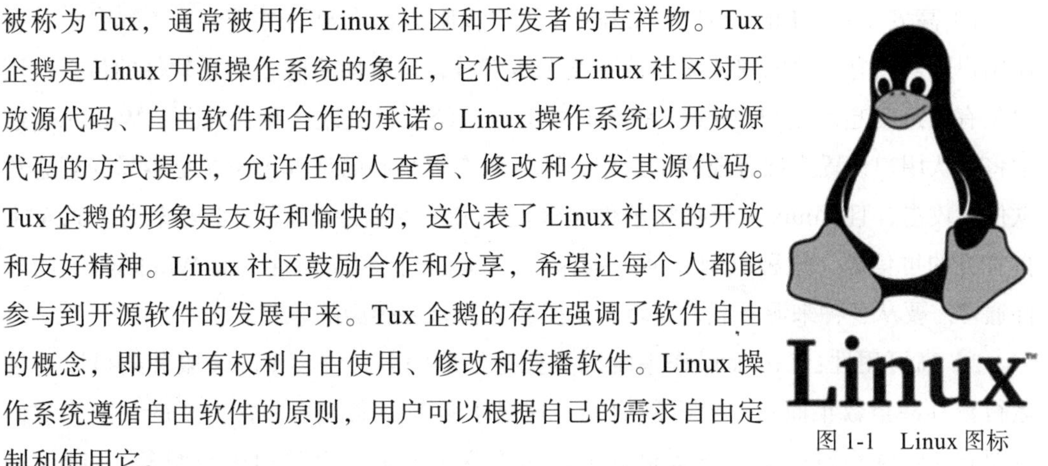

图 1-1 Linux 图标

1.1.3 为什么要使用 Linux

假设你是公司的 IT 管理员，你的任务是确保公司的计算机系统在性能、稳定性和安全性方面都能够达到最佳水平。你可能会面临这样的问题：应该选择什么样的操作系统来支持公司的服务器和工作站？这是一个重要的决策，因为操作系统直接影响到公司的生产力和数据安全。

在选择操作系统时，需要考虑一些关键因素。首先，我们希望操作系统是开源的，这样可以自由查看和修改其源代码，以满足公司特定的需求。其次，需要一个安全性强、稳定性高的操作系统，以避免潜在的安全漏洞和系统崩溃。而且，我们希望操作系统能够高效地管理资源，以满足不同应用程序的性能需求。

正好，这时 Linux 操作系统闪亮登场。Linux 操作系统之所以常用，是因为它具备众多优势。首先，Linux 在资源管理和任务调度方面表现出色，能够高效地管理计算机的硬件资源，确保应用程序和服务的稳定运行。其次，Linux 是开源操作系统，这意味着用户可以自由查看、修改和定制其源代码，使其适应各种需求。这种开放性和可定制性对于大规模应用和商业平台的构建至关重要。

许多云计算平台和数据中心都是基于 Linux 构建的，这得益于 Linux 操作系统的稳定性和可扩展性。Linux 的强大性能和安全性使其成为大规模数据处理和分布式系统的理想选择。另外，Linux 社区提供了丰富的支持和工具，使开发人员可以更轻松地构建和维护复杂的应用程序和服务。Linux 操作系统在计算机领域扮演着关键角色，其可靠性、性能和可定制性使其成为众多领域的首选。对于开发人员和企业来说，选择 Linux 通常是为了确保他们的系统能够高效运行，具备灵活性和可维护性，这些因素都有助于提高业务的成功率和可持续性。

以下是关于 Linux 优点的具体描述。

1）高安全性：Linux 和 Windows 在用户权限方面有显著差异。在 Linux 中，普通用户通常没有足够的权限来修改系统关键部分，这有助于防止恶意软件的传播。用户只有在进入超级用户（root）状态时才能对系统进行更改。相比之下，Windows 通常将默认用户设置为拥有较高的权限，这导致在不小心的情况下系统更容易受到恶意软件的攻击，且 Linux 系统使用软件包管理器来安装和更新软件，这些软件包通常来自官方的可信源。这种机制有助于确保软件的完整性和安全性。而 Windows 上的软件通常需要从各种来源下载，这增加了受到恶意软件感染的风险。

2）高可用性：Linux 操作系统以其稳定性而闻名，许多 Linux 服务器可以连续运行数月甚至数年而不需要重新启动。这对于服务器来说是非常重要的，因为它们需要在 7×24 小时的情况下提供服务，而不希望因重新启动而中断服务。Linux 的补丁管理方式相对较灵活，大多数情况下，只有在内核更新时才需要重新启动系统。这意味着即使在应用安全补丁时，也不会经常要求重新启动，因此服务器的可用性可以更高。许多重要的互联网服务和数据中心都使用 Linux 作为其操作系统，这包括了微软的网站 live.com 和 bing.com。这些网站之所以选择 Linux，部分原因就是其稳定性和可靠性。

3）容易维护：Linux 操作系统通常具有出色的可维护性，它的稳定性和可靠性使得维护工作相对较少。此外，它支持自动化脚本和包管理工具，这些工具使系统维护变得更加简单。每个 Linux 发行版都提供了一个软件包管理系统，如 APT（用于 Debian、Ubuntu）、YUM（用于 Red Hat、CentOS）、zypper（用于 openSUSE）等。这些管理工具允许用户轻松地查找、安装、更新和卸载软件包。它们还会自动解决依赖关系，确保所需的库和组件都被正确安装。由于 Linux 社区的严格审核和维护，通过软件中心安装的软件通常是经过验证和安全的。这降低了受到恶意软件和病毒攻击的风险，使用户可以放心使用软件而不必担心版权问题。

4）运行在任何硬件上：Linux 内核经过开发和测试，可以在各种硬件架构上运行，从巨型机到微型嵌入式设备，都可以找到适用的 Linux 发行版。这种灵活性使 Linux 在各种设备和场景中都能够胜任。

5）免费开源：Linux 是完全免费的操作系统，不需要支付任何费用。由于 Linux 的开源本质，任何人都可以访问其源代码，并审查代码的内容。

6）自定义：由于开源性质，用户可以自由选择不同的 Linux 发行版，或者根据需要自行修改和编译 Linux 内核。这使用户能够更好地控制其系统的安全性。

7）社区支持：Linux 社区是全球最大和最活跃的开源社区之一。它由数百万的开发者、系统管理员和用户组成，他们积极参与解决问题、提供支持和贡献代码。这个社区的成员共同合作，使得 Linux 得以持续改进和发展。

对于计算机大类专业的学生来说，学习和使用 Linux 操作系统具有极其重要的意义。Linux 操作系统不仅具备众多的优点，如开源性、免费性、安全性、稳定性等，还提供了一个极好的学习和实践平台，有助于培养计算机领域学生的专业技能。

首先，学习 Linux 操作系统可以让学生全面了解操作系统的体系结构和运行原理。通过与 Linux 交互和深入研究其内部工作原理，可以获得对有关操作系统的深刻理解，包括资源管理、任务调度、权限管理等关键概念。这有助于建立坚实的计算机科学基础。

其次，阅读 Linux 的核心源代码是一个宝贵的学习机会。Linux 的源代码是开放的，可以随时查看和研究。通过深入研究源代码，学生可以提高自己的编程能力，了解操作系统内部的工作机制，并学习如何构建高效、可靠的软件系统。

另外，掌握 Linux 操作系统对于学生未来的职业发展也非常有利。随着云计算、物联网、人工智能等技术的快速发展，Linux 操作系统在这些领域的应用越来越广泛。通过学习 Linux，学生可以更好地为从事这些领域的开发工作做准备，因为 Linux 操作系统通常是云平台和嵌入式系统的首选。最后，随着技术的不断演进，Linux 操作系统的应用领域也将继续扩展。例如，在增强现实（AR）和虚拟现实（VR）等新兴技术的推动下，Linux 操作系统将有更广泛的应用场景。因此，学习和掌握 Linux 操作系统不仅有助于在当前技术领域取得成功，还能更好地面对未来的技术发展。

1.1.4　Linux 系统的种类

Linux 是一个广泛多样的操作系统，有许多不同的发行版（也称为 Linux 发行版或 Linux 发布版），每个发行版都有其独特的特点和用途。下面将介绍一些常见的 Linux 发行版。

1）Debian：Debian 是一个非常稳定的 Linux 发行版，以其严格的自由软件政策和广泛的软件包管理系统而闻名。它通常用于服务器和桌面系统，也是许多其他 Linux 发行版的基础。

2）Gentoo：Gentoo 是一种源代码编译型的 Linux 发行版，它允许用户根据其特定需求构建和优化系统。它强调高度的自定义和灵活性，常用于高级用户和嵌入式设备。

3）Ubuntu：Ubuntu 是一种用户友好的 Linux 发行版，旨在使 Linux 更容易上手。它提供了广泛的软件包和良好的图形用户界面，适用于桌面和服务器。

4）Damn Vulnerable Linux：Damn Vulnerable Linux（DVL）是一个专门用于安全测试和渗透测试的 Linux 发行版。它包含了大量的漏洞和弱点，用于训练和测试安全专业人员的技能。

5）红帽企业级 Linux：红帽企业级 Linux（RHEL）是一个商业级 Linux 发行版，提供高级支持和服务。它广泛用于企业和数据中心环境中，以其稳定性和安全性而闻名。

6）CentOS：CentOS 是基于 RHEL 源代码构建的免费开源 Linux 发行版，与 RHEL 兼容。它提供了 RHEL 的大部分功能，但没有商业支持，适用于那些寻求 RHEL 功能但不愿支付许可费的用户。

7）Fedora：Fedora 是一种社区支持的 Linux 发行版，由红帽公司赞助。它旨在推动 Linux 的最新技术和功能，适用于那些想要体验最新发展的用户。

8）Kali Linux：Kali Linux 是专门用于渗透测试和网络安全的 Linux 发行版。它包括了大量的安全工具，用于测试网络和系统的安全性。

9）Arch Linux：Arch Linux 是一种轻量级、灵活且用户自定义程度高的 Linux 发行版。它采用滚动更新模型，使用户能够随时获得最新的软件包和更新。

10）openSUSE：openSUSE 是一种多用途的 Linux 发行版，提供了用于服务器、桌面和嵌入式设备的不同版本。它强调易用性和可靠性。

每个 Linux 发行版都有其独特的优势和目标受众，用户可以根据他们的需求和偏好选择最合适的发行版。发行版的多样性是 Linux 生态系统的关键特点，为不同类型的用户和用途提供了广泛的选择。

1.2 Linux 的应用场景

Linux 操作系统的多面性使其在各个领域都具备出色的应用潜力。无论是作为服务器操作系统、嵌入式系统、开发平台还是个人计算机，Linux 都有其独特的价值。本节主要对 Linux 的实际使用做简单介绍，帮助读者更好地理解 Linux 在生活和工作中的具体使用领域。

1.2.1 个人应用场景

在个人计算机领域，Linux 操作系统拥有独特而广泛的应用场景。从日常使用到开发工作，Linux 都提供了丰富的机会和优势。下面，我们将探讨 Linux 在个人计算机上的应用领域，揭示它的各种优势和可能性。Linux 在个人用户的日常生活中有许多有用的应用场景。

1. 桌面操作系统

Linux 在桌面环境中提供了多个用户友好的发行版，如 Ubuntu 和 Linux Mint。这些操作系统稳定、安全，适合用于日常办公、网页浏览和媒体娱乐。用户可以享受自定义桌面环境的优势，将系统按照自己的需求进行设置，从而获得个性化的体验。对于网络安全专业人员，Kali Linux 是首选工具，用于渗透测试以及评估网络和系统的安全性。

2. 开发平台

Linux 是开发人员的首选，它提供了丰富的开发工具、编程语言和开发环境，用于应用程序开发、网站开发和嵌入式系统开发。开发者可以轻松访问和配置开发工具，而源代码编译型发行版（如 Gentoo）允许开发者根据特定需求构建系统，实现高度的自定义和性能优化。

3. 媒体和娱乐

Linux 上有许多媒体和娱乐应用程序，包括音乐播放器、视频编辑工具和游戏。VLC 媒体播放器是其中广泛使用的应用，它支持各种媒体格式，提供了高质量的媒体体验。此外，Linux 还有强大的游戏支持，通过 Steam 等平台提供了大量游戏选项。

4. 教育

Linux 在教育领域有广泛应用，特别是在计算机教育领域。由于其开放性和可定制性，Linux 有助于学生更深入地理解操作系统的内部工作原理。一些专门为教育设计的 Linux 发行版，如 Edubuntu，提供了适用于教育环境的工具和应用程序，为教育提供了更好的工具和资源。

1.2.2 企业应用场景

Linux 操作系统在企业应用场景中具有重要的地位和广泛的应用。无论是大型企业还是初创公司，Linux 都提供了可靠、安全和高性能的解决方案，以满足各种业务需求。

1. 服务器操作系统

Linux 广泛应用于企业服务器领域。它为 Web 托管、数据库管理、云计算和虚拟化等任务提供了可靠的解决方案。特别值得一提的是，红帽企业级 Linux（RHEL）和 CentOS 在企业服务器市场中占有显著份额，因其出色的稳定性和安全性而备受推崇。企业可以依靠 Linux 来构建高性能的服务器架构，以满足不断增长的业务需求。

2. 云计算

Linux 在云计算领域发挥着关键作用。主要的云服务提供商，如 Amazon Web Services（AWS）、Google Cloud Platform（GCP）和 Microsoft Azure，广泛采用 Linux 作为其云服务器的操作系统。Linux 的轻量级特性和高度可定制性使其成为云计算环境的理想选择。企业可以在 Linux 上轻松构建和扩展云基础架构，以实现高可用性和灵活性。

3. 容器和虚拟化

Linux 在容器技术和虚拟化方面提供了广泛的支持。容器编排工具（如 Docker 和 Kubernetes 等）在 Linux 上被广泛应用，用于构建和管理应用程序容器。这些工具使企业能够更有效地部署和管理应用程序，提高了可扩展性和资源利用率。

4. 嵌入式系统

Linux 在嵌入式系统中的应用也非常广泛，包括智能家居设备、汽车控制系统、工业自动化和物联网设备等。由于 Linux 的开源性质，它可以根据特定的嵌入式需求进行定制和优化。这使得企业能够将 Linux 用于各种嵌入式应用，从而实现更智能、更互联的设备和系统。

Linux 的多功能性和开源性质使其适用于各种个人和企业应用场景。它提供了广泛的工具和资源，以满足不同用户的需求，并为用户提供了强大的自定义和控制权。无论是用于桌面、服务器、云计算还是嵌入式系统，Linux 都在不同领域发挥着重要的作用。

1.3　Linux 系统的安装

Linux 系统的安装对于初学者来说是需要重视的问题，可能是一项有一定挑战的任务。本节对 Linux 系统的安装进行介绍，读者可以参考。

1.3.1　CentOS 介绍

CentOS（Community ENTerprise Operating System）是一种免费、开源的企业级 Linux 操作系统。它由红帽企业级 Linux 的源代码编译而成，因此继承了 RHEL 的稳定性和可靠性，但不需要支付与 RHEL 相关的商业订阅费用。CentOS 的目标是为用户提供一个免费的、与 RHEL 兼容的替代方案，使个人和组织能够构建和运行可靠的 Linux 服务器和工作站。

CentOS 具有以下特点。

1）免费和开源：CentOS 是免费和开源的，允许用户自由下载、使用和分发。它的开源性质使得用户可以查看和修改源代码，以满足其特定需求。

2）稳定性和可靠性：CentOS 继承了 RHEL 的稳定性和可靠性，适用于构建关键业务系统和服务器。CentOS 的版本通常会在 RHEL 发布后不久发布，并且获得长期支持。

3）与 RHEL 的兼容性：CentOS 旨在与 RHEL 完全兼容，这意味着大多数 RHEL 的软件和应用程序可以无缝运行在 CentOS 上，为用户提供一致的操作体验。

4）社区支持：CentOS 社区提供了广泛的支持和文档资源，用户可以在社区论坛、邮件列表和官方网站上获取帮助和支持。此外，由于 CentOS 的广泛应用，还有许多社区和第三方资源可供参考。

5）用途广泛：CentOS 被广泛用于构建各种类型的服务器，包括 Web 服务器、数据库服务器、邮件服务器、云服务器等。它还可用作桌面工作站，提供办公套件、开发工具和图形用户界面环境。

6）长期支持（LTS）：CentOS 提供长期支持版本，这些版本将在多年内持续获得安全更新和维护，确保系统的可持续性和稳定性。

总之，CentOS 是备受欢迎的 Linux 发行版，适用于各种场景，从企业级服务器到个人工作站。它的稳定性、免费性和与 RHEL 的兼容性使其成为众多组织和个人的首选操作系统。虽然在 CentOS 8 之后的版本中（如 CentOS Stream）改变了发布模型，但社区仍然提供了替代版本以满足用户需求。

1.3.2　虚拟机软件介绍

虚拟机软件是一类计算机程序，它们允许在一台物理计算机上创建和运行多个虚拟计算机（虚拟机），每个虚拟机都有自己的操作系统和应用程序，就像独立的计算机一样。这种虚拟化技术使得一台物理计算机可以同时承载多个虚拟机，每个虚拟机可以运行不同的操作系统，具有隔离性、资源分配和管理等特性。

虚拟机软件的概念基于虚拟化技术，其主要作用如下。

1）隔离性和资源分配：虚拟机软件允许将物理计算机的资源（CPU、内存、存储等）划分为多个虚拟机，每个虚拟机都可以独立运行，并且不受其他虚拟机的影响。这种隔离性有助于提高安全性和稳定性，同时有效地管理资源。

2）多操作系统支持：虚拟机软件允许在同一台物理计算机上运行不同的操作系统。这对于开发、测试、兼容性测试以及运行不同的应用程序非常有用。

3）快速部署和备份：虚拟机可以轻松地创建、复制和备份。这使得系统管理员能够快速部署新的虚拟机实例，或者创建备份以应对故障和灾难恢复。

4）资源管理和监控：虚拟机软件提供了工具来监控和管理虚拟机的资源使用情况，包括 CPU 利用率、内存使用情况、磁盘空间等。这有助于优化资源分配并提高性能。

5）迁移和负载均衡：虚拟机可以轻松地迁移到不同的物理主机上，以实现负载均衡和故障恢复。这增加了系统的可伸缩性和可用性。

以下是一些常见的虚拟机软件。

1）VMware vSphere/ESXi：VMware 是虚拟化领域的领先提供商之一，它提供了 vSphere 虚拟化平台和 ESXi 虚拟机监视器。vSphere 用于管理和监控虚拟机，而 ESXi 是一种轻量级的虚拟机监视器。

2）Oracle VM VirtualBox：VirtualBox 是一个免费的开源虚拟机软件，由 Oracle 提供。它支持多个操作系统，并提供了丰富的功能，适用于开发和测试环境。

3）Microsoft Hyper-V：Hyper-V 是 Microsoft 的虚拟化解决方案，通常用于在 Windows Server 操作系统上创建和管理虚拟机。它也可以在 Windows 10 上使用。

4）KVM/QEMU：Kernel-based Virtual Machine（KVM）是 Linux 内核的一部分，提供了虚拟化支持。QEMU 是一个用于虚拟机监视器的开源项目，与 KVM 一起使用可以创建虚拟机。

5）Citrix XenServer：XenServer 是一种企业级虚拟化平台，用于创建和管理虚拟机。它具有丰富的管理功能和高可用性选项。

6）Parallels Desktop for Mac：这是一款专为 Mac 用户开发的虚拟机软件，允许在 Mac 上同时运行 Windows 和其他操作系统。

这些虚拟机软件提供了不同的功能和适用场景，用户可以根据需求选择适合的虚拟化解决方案。虚拟机软件在服务器虚拟化、开发和测试、云计算等领域都得到了广泛应用。

1.3.3　CentOS 的安装

安装 Linux 操作系统是使用该系统的第一步，本节将介绍如何安装 Linux 系统，同时提供 CentOS 的安装示例。Linux 的安装过程因发行版和版本而异，但基本步骤通常是相似的。

为了提供更详细的 CentOS 8 安装示例，下面介绍一些基本的命令和步骤。请注意，这只是一个简化的示例，实际的安装可能会因硬件配置和网络设置而有所不同。在安装过程中，请仔细阅读和遵循 CentOS 8 的官方文档和向导。

步骤 1：启动计算机并选择启动设备。

插入 CentOS 8 启动 U 盘并启动计算机。通常，需要按下计算机启动时显示的键

（例如〈F2〉、〈F12〉、〈Delete〉键等）以进入计算机的 BIOS 或 UEFI 设置。

在启动菜单中，选择从 U 盘启动。启动后，将看到 CentOS 8 的启动界面。

步骤 2：选择安装选项。

在 CentOS 8 启动界面，使用键盘的上下键选择"Install CentOS Linux 8"（或类似选项）并按〈Enter〉键。

步骤 3：选择语言和地区设置。

在安装程序启动后，将看到一个欢迎界面。选择首选语言和地区设置，然后单击"Continue"。

步骤 4：选择安装来源。

通常情况下，选择默认的安装来源（本地介质）。如果使用的是光盘或 USB 驱动器，则系统会检测到它并将其作为安装源。

步骤 5：选择安装目标。

在此步骤中，需要选择要安装 CentOS 的磁盘和分区设置。可以选择手动分区或自动分区。

如果选择手动分区，请按以下步骤操作。

1）选择"Custom"分区类型。

2）为根目录（/）创建一个分区，选择"Root Password"并设置分区大小。

3）可选。创建其他分区，例如 /home、/boot 等。

4）确认并写入分区设置。

步骤 6：配置网络。

根据需求配置网络设置。配置主机名、配置时区并配置网络适配器。

```
# 配置主机名
hostnamectl set-hostname your_hostname

# 配置时区
timedatectl set-timezone your_timezone

# 配置网络适配器（示例仅供参考，请根据实际网络自行配置）
nmcli connection add type ethernet con-name my-eth ifname eth0
nmcli connection modify my-eth ipv4.method manual
nmcli connection modify my-eth ipv4.address your_ip_address/24
nmcli connection modify my-eth ipv4.gateway your_gateway
nmcli connection modify my-eth ipv4.dns your_dns_server
nmcli connection up my-eth
```

步骤 7：设置根密码。

为 root 用户设置密码以确保系统的安全性。

步骤 8：选择软件包组。

选择要安装的软件包组。默认情况下，CentOS 8 会选择“ Server with GUI”作为安装选项。根据需求选择其他软件包组。

步骤 9：开始安装。

确认设置后，单击“Begin Installation”开始安装过程。

步骤 10：创建用户。

在安装过程中，将被要求创建一个普通用户，以便将来登录系统。请设置用户名和密码。

步骤 11：等待安装完成。

安装过程可能需要一些时间，时间长短取决于计算机性能和选择的软件包。请耐心等待。

步骤 12：完成安装。

当安装完成后，将看到一个提示消息。单击“Reboot”重新启动计算机，或者选择退出安装程序。

请注意，这只是一个基本的示例，实际安装可能涉及其他配置和设置。在安装过程中应仔细阅读和遵循 CentOS 8 的官方文档和向导，以确保成功安装 Linux 系统。

1.4　Linux 的操作基础

本节主要对 Linux 的操作做简单介绍，列出一些常用的命令，这些基础知识对于初学者非常重要，它们可以帮助读者建立对 Linux 操作更加详细和深刻的理解。Linux 是一个强大而灵活的操作系统，其操作通常通过命令行界面进行。

1.4.1　使用终端和 Shell

Linux 命令行界面的工作方式包含终端和 Shell 两种方式，本节中，我们将探讨 Linux 中的终端和 Shell，包括它们的基本工作方式以及如何有效地使用它们。

终端（Terminal）是 Linux 操作系统中的一个重要工具，它提供了一种文本界面，使用户能够与计算机进行交互。虽然在现代 Linux 发行版中，大多数用户都使用图形用户界面（GUI）来执行任务，但终端仍然是非常有用和强大的工具，尤其对于需要进行系统管理、编程或高级任务的用户来说。

在 GUI 环境的 Linux 发行版中，可以通过菜单或启动器找到“终端”或“终端模拟器”（Terminal Emulator）应用程序。这些终端模拟器模仿了传统的物理终端机，但在一个窗口内运行。一旦打开终端，我们将看到一个等待输入的命令提示符。我们可以在终端中输入各种 Linux 命令，然后按〈 Enter 〉键执行它们。

打开和使用终端的步骤如下。

1）在大多数 Linux 发行版中，可以通过快捷方式（如按〈 Ctrl+Alt+T 〉组合键）快速打开终端。

2）打开终端后，你将看到一个命令提示符，通常包含你的用户名、主机名和当前工作目录。例如，user@hostname:~$。

3）在命令提示符处，你可以输入命令，然后按〈 Enter 〉键执行。例如，输入"ls"并按〈 Enter 〉键将列出当前目录的内容。

Shell 是 Linux 中的重要工具，通过命令解释、程序启动、文件管理、任务控制和用户环境定制为用户提供了强大的控制和定制 Linux 系统的能力。它解释用户的命令并将其转换为内核可以理解和执行的形式。Shell 既是一个命令语言解释器，也是一个功能强大的编程环境。

1. Shell 的作用

1）命令解释：Shell 的主要作用之一是解释并执行用户在终端输入的命令。当用户键入命令时，Shell 负责解释这些命令，并告诉操作系统如何执行它们。这使用户能够与计算机进行交互，发出各种指令。

2）程序启动：Shell 还具备启动其他程序的能力。用户可以通过 Shell 来启动各种应用程序和工具，无论是在终端中执行命令还是通过 Shell 脚本来实现。这使得用户能够方便地启动和管理他们需要的软件。

3）文件管理：Shell 提供了一系列用于文件系统操作的命令，如创建新文件和目录、删除不需要的文件、复制文件到其他位置以及移动文件等。这使得用户可以轻松管理他们的文件和数据。

4）任务控制：Shell 允许用户控制多个进程的运行。用户可以通过 Shell 命令来挂起（暂停）、恢复（继续）以及终止进程。这对于同时运行多个任务和应用程序的用户来说非常有用。

5）用户环境定制：Shell 允许用户根据他们的需求自定义工作环境。这可以通过编写 Shell 脚本来实现，也可以通过编辑配置文件（如 .bashrc）来实现。用户可以添加自己喜欢的别名、设置环境变量、更改终端外观等，以创建一个符合他们工作风格的个性化环境。

2. 常见的 Shell 类型

1）Bash（Bourne Again Shell）：Bash 是最常见的 Linux Shell 之一，以其功能性和易用性而著称。它是许多 Linux 系统的默认 Shell，也是大多数 Shell 脚本的首选。

Bash 提供了强大的命令解释和编程功能，允许用户编写自定义脚本以自动化任务和处理数据。它还支持历史命令记录、命令补全和别名等功能，使得在终端的工作更加高效。它也是本书中会用到的 Shell。

2）Zsh（Z Shell）：Zsh 类似于 Bash，但提供了额外的功能和主题支持。它具有更高级的自动补全功能，允许用户更快地输入命令和文件路径。Zsh 还支持扩展和插件，用户可以根据自己的需求定制 Shell 环境。它的主题支持使得终端界面可以更加美观和个性化。

3）Fish（Friendly Interactive Shell）：Fish 以其用户友好和智能自动补全而著称。它被设计用来提供更友好的 Shell 体验，尤其适合那些不熟悉命令行的用户。Fish 的自动补全功能非常强大，可以根据上下文提供命令和选项建议，减少了输入错误和命令搜索的需要。它还具有语法高亮和易于记忆的命令语法，使得 Shell 的学习曲线更加平缓。

通过了解和使用 Shell，从基本的文件管理到复杂的程序开发，用户可以有效地与 Linux 系统交互，执行各种任务。

1.4.2　文件管理

Linux 文件管理是操作系统领域的一个关键概念，因为在 Linux 中，一切都被视为文件，无论是文本文件、目录、设备文件还是套接字文件，都以文件的形式存在。因此，了解如何有效地创建、编辑、复制、移动和删除这些文件，以及管理它们的权限和属性，对于 Linux 用户和系统管理员来说都至关重要。在本节中，我们将阐述 Linux 文件管理的基本概念以及一些常用的文件管理命令和示例。

1. 文件的相关概念

文件管理是 Linux 操作系统的一个关键领域，它涉及如何创建、组织、操作和维护文件和目录。在 Linux 中，一切都被视为文件，无论是文本文件、目录、设备文件、套接字文件还是符号链接，都以文件的形式存在。文件管理对于系统管理员、开发人员和普通用户来说都是至关重要的，因为它允许用户有效地组织和操作他们的数据和程序。

1）文件和目录：在 Linux 中，文件是数据的基本单位，它可以包含文本、二进制数据、程序代码等。文件通常有文件名和扩展名，例如，file.txt 中的 file 是文件名，.txt 是扩展名。为了更好地组织和分类文件，它们可以存储在目录中。目录是一种特殊的文件，用于容纳其他文件和子目录，从而帮助用户将文件结构化地组织在一起。

2）文件路径：在 Linux 系统中通过文件路径来定位和访问文件。文件路径可以是绝对路径或相对路径。绝对路径从根目录开始，例如 /home/user/file.txt，而相对路径是相对于当前工作目录的路径，例如 ./file.txt。正确使用文件路径是进行文件管理的关键。

3）文件权限：每个文件和目录都有权限设置，用于控制谁可以访问、读取、写入和执行它们。文件权限通常包括所有者、组和其他用户的权限。这些权限可以通过使用 chmod 命令进行更改。理解和管理文件权限对于确保数据的安全性和保密性至关重要。

2. 常用命令与代码示例

以下是一些常用的 Linux 文件管理命令以及相应的代码示例。

（1）ls：列出目录中的文件和子目录

ls 意思是 "List"，即列出目录中的文件和子目录。ls 命令用于列出当前目录下的文件和子目录。可以使用不同的选项来获取更详细的信息。

ls 命令的一般用法如下：

```
ls [选项] [目录路径]
```

其中，[选项] 是可选的命令行选项，可以用于调整 ls 命令的行为，例如以不同的格式显示文件、包括隐藏文件、按时间排序等。[目录路径] 是要列出文件和目录的目标目录的路径。如果未提供目录路径，默认将使用当前工作目录。

-l：以长格式（详细信息）列出文件和目录，包括文件权限、所有者、组、大小、修改时间等信息。

-a：包括隐藏文件（以 . 开头的文件和目录）。

-h：以人类可读的格式显示文件大小（例如，使用 KB、MB 等单位）。

-t：按文件修改时间进行排序，最新的文件显示在前面。

-r：反向排序，逆序显示文件和目录。

（2）pwd：显示当前工作目录

pwd 的意思是 "Print Working Directory"，即显示当前工作目录。当在终端执行 pwd 命令时，系统会返回当前用户所处目录的完整路径，以便知道自己在文件系统中的位置。

例如，如果在终端执行 pwd 命令，并且当前目录是 /home/user/documents，则命令的输出将是 /home/user/documents。这样的信息对于在终端导航和执行命令时非常有用，因为它可以帮助确认在哪个目录下工作，从而避免执行命令时出现意外的结果。

（3）cd：切换目录

cd 意思是 "Change Directory"，即切换当前工作目录。通过执行 cd 命令，可以进入指定的目录中，从而改变在文件系统中的位置。

cd 命令的一般用法如下：

```
cd [目录路径]
```

其中，[目录路径] 是要进入的目录的路径，可以是相对路径（相对于当前目录）或绝对路径（从根目录开始的完整路径）。

例如，如果想要切换到用户的主目录（通常是 /home/user），可以执行以下命令：

```
cd ~
```

如果要进入当前目录下的一个子目录，假设子目录名为 my_folder，可以执行：

```
cd my_folder
```

如果要返回到上一级目录，可以使用特殊的表示法“..”，如下：

```
cd ..
```

这将进入当前目录的上一级目录。

（4）mkdir：创建新目录

mkdir 意思是 "Make Directory"，即创建新的目录（文件夹）。

mkdir 命令的一般用法如下：

```
mkdir [目录名]
```

其中，[目录名] 是要创建的目录的名称。可以是相对于当前目录的路径，也可以是绝对路径。

（5）touch：创建新文件或更新文件的时间戳

touch 命令用于创建新文件或更新文件的时间戳，其一般用法如下：

```
touch [选项] [文件名]
```

其中，[选项] 是可选的命令行选项，而 [文件名] 是要创建或更新时间戳的文件的名称。请注意，touch 命令不会打开文件或编辑文件内容，它主要用于处理文件的时间戳。如果需要创建新的文件并写入内容，可以使用文本编辑器（如 vi 或 nano）或其他适当的方法。

-t 选项指定一个时间戳，以便将其应用于文件的时间戳。

-c 选项检查文件是否存在，如果不存在则不创建新文件。

（6）cp：复制文件或目录到指定位置

cp 命令用于复制文件或目录到指定位置。cp 命令是一个非常有用的命令，用于在 Linux 系统中创建文件和目录的副本，以便备份、移动、分发或修改文件。根据不同的选项，它可以执行各种复制操作，从简单的文件复制到递归目录复制，都能胜任。

cp 命令的一般用法如下：

```
cp [ 选项 ] 源文件或目录目标文件或目录
```

其中，[选项] 是可选的命令行选项，源文件或目录是要复制的源文件或目录的路径，目标文件或目录是复制后的文件或目录的目标路径。

-i 选项以交互模式执行复制，即在覆盖现有文件之前进行确认。

-u 选项仅复制源文件中新于目标文件的文件。

-a 选项进行归档复制，包括保留文件的所有属性和权限。

请注意，如果目标文件或目录已经存在，cp 命令默认会覆盖目标文件，因此请谨慎使用。

（7）mv：移动文件或目录

mv 命令用于移动文件或目录，并可用于重命名文件或目录。其一般用法如下：

```
mv [ 选项 ] 源文件或目录目标文件或目录
```

其中，[选项] 是可选的命令行选项，源文件或目录是要移动或重命名的源文件或目录的路径，目标文件或目录是移动或重命名后的文件或目录的目标路径。

-i 选项以交互模式执行移动，即在覆盖现有文件之前进行确认。

-u 选项仅移动源文件中新于目标文件的文件。

-b 选项在覆盖目标文件时创建备份。

请注意，如果目标文件或目录已经存在，mv 命令默认会覆盖目标，因此在执行前请谨慎检查。

（8）rm：删除文件或目录

rm 命令用于删除不再需要的文件或目录。应谨慎使用，删除操作不可逆。其一般用法如下：

```
rm [ 选项 ] 文件或目录
```

其中，[选项] 是可选的命令行选项，文件或目录是要删除的文件或目录的路径。

-i 选项以交互模式执行删除，即在删除文件之前进行确认。

-r 或 -R 选项递归删除目录及其内容（包括子目录）。

-f 选项强制删除，无须确认，慎用，因为它会永久删除文件，不可恢复。

（9）cat：查看文件内容

cat 命令的主要作用是查看文件的内容，也可以用于创建、合并和编辑文件。cat

即 "concatenate"，它最初用于连接文件，但后来也用于显示文件的内容。

cat 命令的一般用法如下：

```
cat [选项] 文件名
```

其中，[选项] 是可选的命令行选项，文件名是要查看或处理的文件的路径。

-n 选项显示行号，以便查看文件内容时每行都有行号。

> 符号将文件内容输出到另一个文件，可以用于创建新文件或覆盖现有文件。

>> 符号将文件内容追加到另一个文件，可以用于将内容添加到现有文件的末尾。

-E 选项显示行尾的 $ 符号，以便查看行尾字符。

它还可以与管道操作一起使用，用于将文件内容传递给其他命令进行进一步处理。

（10）less：分页查看文件内容

less 命令用于查看文本文件的内容，与 cat 命令相比，它提供了更加强大的交互性，即可滚动的方式来浏览文件，特别适用于查看大型文本文件。

less 命令的一般用法如下：

```
less [选项] 文件名
```

其中，[选项] 是可选的命令行选项，文件名是要查看的文本文件的路径。使用上下箭头或键盘的上下方向键浏览文件内容，按空格键向下翻页，按〈 b 〉键向上翻页。按〈 / 〉键搜索字符串，可以在文件中搜索指定的文本，按〈 n 〉键查找下一个匹配项，按〈 N 〉键查找上一个匹配项。按〈 q 〉键退出 less 查看器，返回终端。

-N 选项显示行号，以便在文件中查看行号。

-i 选项忽略大小写，使搜索字符串时不区分大小写。

-F 选项在文件结束时自动退出 less。

（11）head 和 tail：查看文件开头和结尾

head 和 tail 命令分别用于查看文件的开头和结尾部分。可用于快速预览文件。

head 命令的一般用法如下：

```
head [选项] 文件名
```

head filename：默认显示文件 filename 的前 10 行内容。

head -n N filename：显示文件 filename 的前“N”行内容，其中“N”是一个数字。

head -c N filename：显示文件 filename 的前“N”个字节的内容，其中“N”是一个数字。

tail 命令的一般用法如下：

```
tail [选项] 文件名
```

tail filename：默认显示文件 filename 的最后 10 行内容。

tail -n N filename：显示文件 filename 的最后“N”行内容，其中“N”是一个数字。

tail -c N filename：显示文件 filename 的最后“N”个字节的内容，其中“N”是一个数字。

tail -f filename：以追踪模式打开文件，实时显示文件的内容变化，常用于查看日志文件。

这些命令和示例演示了如何在 Linux 中进行基本的文件管理操作。文件管理是 Linux 系统中的核心任务之一，掌握这些命令将有助于更有效地管理文件和目录。

3. 链接文件

在 Linux 系统中，链接文件是一种特殊的文件类型，它允许我们创建指向文件系统中其他文件或目录的引用。链接主要有两种类型：硬链接和软链接（也称为符号链接）。

（1）硬链接

硬链接是对文件的另一种引用。创建硬链接意味着在文件系统中创建了一个相同的入口点，指向同一个物理位置。硬链接具有如下特点。

- 文件共享相同的 inode：inode 是文件系统中的一个数据结构，用于存储文件的元数据。硬链接文件与原始文件共享相同的 inode，因此任何对文件内容的更改都会反映在两者中。
- 不跨越文件系统：硬链接不能跨越不同的文件系统或分区。
- 删除安全性：只要有一个硬链接存在，文件内容就会保留在磁盘上。只有当所有的硬链接都被删除时，文件的内容才会被释放。

创建硬链接的命令是 ln 源文件目标文件。

（2）软链接

软链接是对另一个文件或目录的引用。它们具有以下特点。

- 包含目标路径的文本：软链接包含一个文本字符串，指向它的目标文件或目录。
- 可以跨越文件系统：软链接可以链接到不同文件系统中的文件。
- 更多灵活性：如果删除了原始文件，软链接将失效，并显示为“悬空链接”。
- 权限和所有权：软链接具有自己的权限和所有权设置，独立于它们所指向的文件。

创建软链接的命令是 ln -s 源文件目标文件。

（3）使用场景

链接文件在 Linux 中有许多实际应用。例如，它们用于创建文件的备份、管理文件版本、组织数据和文件夹，以及在不同位置提供对相同文件的访问。

4. 文件系统和权限管理

（1）文件系统的结构

Linux 文件系统采用分层结构，类似于倒置的树。根目录（/）位于顶层，其他目录和文件则分布在其下。主要包括以下目录。

- /bin：存放基本的用户命令，如 ls、cp 等。
- /etc：包含系统配置文件。
- /home：用户的主目录，存放个人文件和设置。
- /root：系统管理员（root 用户）的主目录。
- /var：存放经常变化的文件，如日志文件。
- /usr：包含用户文档、游戏、图形等文件。
- /tmp：用于存放临时文件。

这种结构设计提供了清晰的组织方式和安全的文件管理机制。

（2）权限和所有权

Linux 文件系统基于权限和所有权来保护数据。每个文件和目录都有以下三种类型的权限。

1）读（r）：允许读取文件内容或目录列表。

2）写（w）：允许修改文件或在目录中添加 / 删除文件。

3）执行（x）：允许执行文件或进入目录。

权限被分配给以下三类用户。

1）文件所有者。

2）文件所属组中的用户。

3）其他用户。

使用 ls -l 命令可以查看文件或目录的权限和所有权信息。例如，-rw-r--r-- 表示文件所有者有读写权限，组用户和其他用户只有读权限。

修改权限的命令是 chmod，修改所有权的命令是 chown。

（3）使用 sudo

sudo（superuser do）命令允许普通用户以超级用户（root）的身份执行命令。这是管理 Linux 系统时常用的工具，用于执行需要管理员权限的任务。

使用 sudo 有以下好处。

1）确保安全性：减少以 root 身份登录的需求，降低系统受损风险。

2）有助于审计：记录使用 sudo 执行的命令，有助于审计和故障排查。

3）具备灵活性：通过 /etc/sudoers 文件配置，可以精确控制用户可以执行哪些命令。

要使用 sudo，用户必须是 sudoers 文件中的成员。在执行命令时，前面加上 sudo，如 sudo apt update。

但需要注意的是 sudo 命令是 Linux 系统中用于获取管理员权限的重要工具。正确使用 sudo 对维护系统的安全性至关重要。应当避免使用类似于 ALL=(ALL) ALL 的配置，它给予用户对所有命令的 sudo 访问权限。未监控 sudo 日志可能导致安全问题被忽视。我们也应定期检查并分析 sudo 日志。

1.4.3　用户与用户组管理

在 Linux 操作系统中，用户和用户组管理是关键的系统管理任务之一。用户是操作系统中的实体，代表系统的最终使用者，而用户组是一种组织和管理用户的方式。用户和用户组管理允许管理员创建、修改、删除用户和用户组，以及分配适当的权限和访问控制。

1. 用户相关概念

用户名（User Name）：每个用户都有一个唯一的用户名，用于登录系统。用户名通常由字母、数字和特殊字符组成，不区分大小写。

用户 ID（User ID）：每个用户都有一个数字的用户 ID，用于在系统级别标识用户。通常，用户 ID 为 0 表示超级用户（root），而其他用户的用户 ID 在 1000 以上。

家目录（Home Directory）：每个用户都有一个家目录，用于存储其个人文件和设置。用户登录后将进入其家目录。

登录密码（Login Password）：用户需要设置登录密码，以便安全地访问其账户。密码应该是强密码以确保安全性。

以下是一些常用命令。

1）创建新用户。useradd 命令用于创建新用户。在创建用户时，可以指定用户名、用户 ID、家目录和所属用户组等选项：

```
sudo useradd -m -u 1001 -g users newuser
```

2）更改用户密码。passwd 命令用于更改用户的登录密码。用户需要提供当前密码以及新密码：

```
passwd username
```

3）删除用户。userdel 命令用于删除用户。要删除用户及其家目录，可以使用 -r 选项：

```
sudo userdel -r username
```

4）修改用户属性。usermod 命令用于修改用户的属性，如用户名、用户 ID、家目录等：

```
sudo usermod -l newusername oldusername
```

2. 用户组相关概念

用户组名（Group Name）：用户组是一组用户的集合，具有相似的权限和访问控制。用户组名用于标识用户组。

用户组 ID（Group ID）：每个用户组都有一个数字的用户组 ID，用于在系统级别标识用户组。用户组 ID 通常从 1000 开始。

以下是一些常用指令。

1）创建新用户组。groupadd 命令用于创建新用户组：

```
sudo groupadd newgroup
```

2）删除用户组。groupdel 命令用于删除用户组：

```
sudo groupdel groupname
```

3）查看用户所属组。groups 命令用于查看用户所属的用户组：

```
groups username
```

4）将用户添加到用户组。useradd 命令还可以用于将用户添加到一个或多个用户组：

```
sudo useradd -G group1,group2 username
```

5）切换用户组。newgrp 命令用于切换当前会话的用户组：

```
newgrp groupname
```

3. 与用户账号有关的系统文件

在 Linux 系统中，用户账户信息和认证数据存储在几个关键的系统文件中。了解这些文件及其功能对于管理用户账户和维护系统安全非常重要。

（1）/etc/passwd

/etc/passwd 文件包含用户账户信息。每个用户账户占用文件中的一行，格式如下：

```
username: x: UID: GID: full_name: home_directory: default_shell
```

username：用户的登录名。

x：表示密码已存储在 /etc/shadow 文件中。

UID（User ID）：用户的唯一标识。

GID（Group ID）：用户组的唯一标识。

full_name：用户的全名或描述性信息。

home_directory：用户的主目录。

default_shell：用户登录时启动的默认 Shell。

示例：

```
john: x: 1001: 1001: John Doe: /home/john: /bin/bash
```

（2）/etc/shadow

/etc/shadow 文件存储用户密码的加密形式以及与密码相关的管理信息。由于包含敏感数据，此文件的权限通常被严格限制。每行的格式如下：

```
username: encrypted_password: last_change: minimum: maximum: warn: inactive:
expire
```

username：用户的登录名。

encrypted_password：加密后的用户密码。

last_change：上次密码更改的日期。

minimum：两次密码更改之间的最小天数。

maximum：密码有效期。

warn：密码到期前发出警告的天数。

inactive：密码过期后账户被禁用前的天数。

expire：账户过期日期。

示例：

```
john: $6$randomSalt$encryptedData: 17920: 0: 99999: 7: : :
```

（3）/etc/group

/etc/group 文件包含用户组账户信息。每个用户组占用一行，格式如下：

```
group_name: x: GID: user_list
```

group_name：用户组的名称。

x：用户组密码占位符（很少使用）。

GID：用户组的唯一标识。

user_list：属于该用户组的用户列表，用逗号分隔。

示例：

```
admin: x: 1002: john,sara
```

了解 /etc/passwd、/etc/shadow 和 /etc/group 文件是管理 Linux 系统用户账号和权限的基础。这些文件协同工作，确保用户信息的安全存储和有效管理。熟悉它们的结构和用途对于任何 Linux 管理员来说都是必需的。

1.4.4　进程管理

Linux 中的进程管理涵盖创建、调度和终止进程的方方面面。通过命令 ps、kill 和 top，用户可以查看、控制正在运行的进程。每个进程都有唯一的进程标识符（PID），并可能存在父子关系。通过调整进程优先级、使用 nice 命令、设置进程调度策略，系统管理员可以有效地分配和优化系统资源，提高整体性能。深入了解进程的生命周期和相互关系，是确保系统稳定性和响应性的关键。

1. 进程基础

进程的定义和特征：在 Linux 系统中，进程是程序执行的实例。每个进程都有一个唯一的进程标识符，用于在系统中标识和跟踪它。进程具有状态，例如运行、睡眠、停止等，反映了它当前在系统中的活动状态。

（1）进程的状态

1）运行状态（Running）：表示进程正在 CPU 上执行。

2）睡眠状态（Sleeping）：表示进程暂时不执行，等待某个事件的发生。

3）停止状态（Stopped）：表示进程被用户或其他进程停止运行。

4）僵尸状态（Zombie）：表示进程已经终止，但其父进程尚未回收其资源。

（2）进程标识符

每个 Linux 进程都有一个唯一的标识符，称为进程标识符。PID 是一个非负整数，由内核分配给每个新创建的进程。通过 PID，系统能够唯一标识和追踪每个运行中的进程。在命令行中，可以使用 ps 命令查看系统中运行的进程及其对应的 PID。

例如：

```
$ ps aux
```

（3）父子关系

进程在运行时可以创建新的进程，形成父子关系。原始进程被称为父进程，新创建的进程被称为子进程。子进程继承了父进程的许多属性，包括环境变量、工作目录等。

1）父进程：创建新进程的进程。父进程的 PID 被子进程继承。

2）子进程：由父进程创建的进程。子进程的 PID 通常不同于父进程，但可以通过系统调用获取其父进程的 PID。

父进程和子进程之间存在关联，这种关系有助于组织和管理进程。当父进程终止时，系统通常会将子进程的父进程更改为 init 进程（PID 为 1），确保它们不会变成孤儿进程。

父子进程之间可以通过进程间通信（Inter-Process Communication，IPC）进行数据交换和同步。常见的 IPC 机制包括管道、消息队列、共享内存等，这些机制使得父子进程能够协同工作，共享信息，完成复杂的任务。

2. 进程的创建、终止与后台运行

（1）进程的创建过程

在 Linux 中，进程的创建是通过 fork 系统调用实现的。fork 调用会创建当前进程的一个副本，这个副本被称为子进程。子进程几乎是父进程的完整复制，包括代码、数据、堆栈等。

```
#include <unistd.h>
#include <stdio.h>
int main() {
  pid_t child_pid;
  // 创建子进程
  child_pid = fork();
  if (child_pid == 0) {
    // 子进程执行的代码
    printf("This is the child process. PID: %d\n", getpid());
  } else if (child_pid > 0) {
    // 父进程执行的代码
    printf("This is the parent process. Child PID: %d, Parent PID: %d\n",
        child_pid, getpid());
  } else {
    // 创建进程失败
    fprintf(stderr, “Failed to fork.\n” );
    return 1;
  }
  return 0;
}
```

示例中，fork 调用返回两次，一次在父进程中返回子进程的 PID，另一次在子进程中返回 0。这样通过判断返回值可以知道当前是在父进程还是子进程。getpid 函数用于获取当前进程的 PID。

（2）进程的终止方式

进程可以通过正常退出或异常退出的方式终止。

1）正常退出：进程通过调用 exit 函数或从 main 函数返回来正常退出。在正常退

出时，进程会向其父进程发送一个终止状态码，表示进程的执行情况。

```
#include <stdlib.h>
int main() {
  // 正常退出
  exit(0);
}
```

2）异常退出：进程可能因为发生错误或异常情况而被迫退出，此时可以通过调用 abort 函数来引发异常退出。

```
#include <stdlib.h>
int main() {
  // 异常退出
  abort();
}
```

（3）进程的后台运行

在 Linux 中，可以使用 fork 创建一个子进程，并通过调用 setsid 函数使其成为新的会话领导者，从而使进程脱离终端的控制，实现后台运行。在示例代码中：

```
#include <unistd.h>
#include <stdio.h>
int main() {
  pid_t pid = fork();
  if (pid < 0) {
    // 创建进程失败
    fprintf(stderr, "Failed to fork.\n");
    return 1;
  }
  if (pid > 0) {
    // 父进程退出
    return 0;
  }
  // 子进程成为新的会话领导者
  setsid();
  // 关闭标准输入、标准输出、标准错误
  close(STDIN_FILENO);
  close(STDOUT_FILENO);
  close(STDERR_FILENO);
  // 后台运行的代码
  while (1) {
    // 一些后台任务
  }
  return 0;
}
```

示例中：子进程使用 setsid 函数成为新的会话领导者，脱离了原终端的控制；close 函数用于关闭不再需要的文件描述符，确保子进程不会意外地继承父进程的文件描述符。

示例中的 while(1) 是一个占位，代表后台运行的实际代码。在实际应用中，可能是一些定时任务或持续运行的服务。

3. 进程优先级与调度

（1）进程调度算法

进程调度算法是操作系统用来决定哪个进程获得 CPU 时间的一组规则。以下是常见的调度算法。

1）先来先服务（First Come First Serve，FCFS）：按照进程到达的顺序进行调度，即先到达的进程先执行。FCFS 算法简单直观，但可能导致“等待时间过长”的问题，尤其是对长作业而言。

2）短作业优先（Shortest Job Next，SJN）：SJN 选择执行时间最短的作业，有助于减少平均等待时间，但可能导致长作业长时间等待。

3）优先级调度：每个进程被分配一个优先级，调度器选择优先级最高的进程执行。优先级调度根据进程的优先级来决定执行顺序，高优先级的进程优先执行。这可以通过 nice 命令来调整进程的优先级。

4）时间片轮转（Round Robin）：每个进程被分配一个固定的时间片，当时间片用尽时，进程被放到队列的末尾，下一个进程执行。

（2）进程优先级设置与调度策略

Linux 中，进程的优先级范围是 -20～19，数值越小，优先级越高。可以使用 nice 命令调整进程的优先级。例如，提高进程优先级：

```
$ nice -n -10 ./my_program
```

Linux 提供了不同的进程调度策略，可以通过 sched_setscheduler 函数设置。主要的调度策略如下。

1）SCHED_OTHER（默认）：正常的时间片轮转调度策略，适用于大多数应用。它对各个进程公平分配 CPU 时间，但不适用于实时性要求较高的应用。

2）SCHED_FIFO：先进先出调度策略，只有在没有可执行的高优先级进程时才运行其他进程，适用于对实时性要求较高的应用，如音频和视频处理。

3）SCHED_RR：时间片轮转调度策略，每个进程都有一个固定的时间片，适用于实时性要求较高的应用，同时兼顾了非实时任务的执行。

```
#include <sched.h>
```

```
int main() {
  struct sched_param param;
  param.sched_priority = 10;  // 设置进程优先级
  // 设置当前进程的调度策略和参数
  if (sched_setscheduler(0, SCHED_FIFO, &param) == -1) {
    perror("Error setting scheduler");
    return 1;
  }
  // 进程的主体代码
  return 0;
}
```

示例中使用 sched_setscheduler 函数设置当前进程的调度策略和参数。这里的参数包括进程标识符（0 表示当前进程）、调度策略（SCHED_FIFO 表示先进先出策略）以及调度参数结构体的地址。如果设置调度策略失败，会打印错误信息，并返回 1 表示程序异常退出。

在处理进程优先级与调度的实践时，需要综合考虑应用类型、实时性需求以及系统负载。选择适当的调度策略和动态调整进程优先级是优化系统性能和资源利用的关键步骤。对于实时性要求较高的应用，如音频和视频处理，可以采用 SCHED_FIFO 或 SCHED_RR 策略，确保任务按时响应。而对于一般应用，使用默认的 SCHED_OTHER 策略是合适的选择。

4. 常用操作命令

以下是一些在 Linux 进程管理中常用的命令清单。

1）ps：显示当前进程的快照信息。

```
$ ps aux
```

2）top：实时显示系统运行状态和进程信息。

```
$ top
```

3）kill：终止指定进程。

```
$ kill PID
```

4）killall：终止指定名称的所有进程。

```
$ killall process_name
```

5）pkill：终止与指定名称匹配的进程。

```
$ pkill process_name
```

6）nice：修改进程的优先级。

```
$ nice -n value command
```

7）renice：修改运行中进程的优先级。

```
$ renice value PID
```

8）jobs：列出当前终端中正在运行的任务。

```
$ jobs
```

9）bg：将作业调至后台运行。

```
$ bg %job_number
```

10）fg：将作业调至前台运行。

```
$ fg %job_number
```

11）nohup：后台运行命令，不受终端关闭影响。

```
$ nohup command &
```

12）pstree：以树状结构显示进程的层次关系。

```
$ pstree
```

13）htop：交互式显示进程信息和系统资源使用情况。

```
$ htop
```

14）pgrep：根据进程名查找进程的 PID。

```
$ pgrep process_name
```

15）pmap：显示进程的内存映射信息。

```
$ pmap PID
```

这些命令可以帮助查看、管理和调试系统中的进程，确保系统资源的有效使用和进程的正常运行。

1.4.5　磁盘管理

在 Linux 操作系统中，磁盘管理是确保文件系统正常运行、数据安全存储的关键任务之一。正确的磁盘管理不仅有助于提高系统性能，还能确保数据的完整性和可靠性。磁盘管理是计算机系统中关键的任务，涉及硬盘的配置、维护和优化。通过分区、格式化、挂载、卸载、监控等一系列操作，磁盘管理为用户提供高效而可靠的数据存储和访问解决方案，确保计算机系统的顺畅运行。

1. 磁盘信息查看

查看磁盘信息是了解计算机硬盘配置和使用情况的过程。通过命令 fdisk、df 和 lsblk，用户可以获取有关磁盘大小、分区结构、文件系统类型和空间利用率等详细信息。

（1）使用 fdisk 命令

fdisk 命令是一个强大的工具，用于查看和管理系统上的磁盘分区。通过运行 sudo fdisk -l 命令，可以获得关于系统中磁盘和它们的分区信息的详细概述。这些信息包括磁盘的大小、分区的起始和结束扇区、文件系统类型等。注意，执行该命令可能需要管理员权限。

```
$ sudo fdisk -l
```

（2）使用 df 命令

df 命令用于显示已挂载文件系统的磁盘使用情况。运行 df -h 命令，将得到一个以人类可读格式显示的磁盘空间报告。该报告包括每个文件系统的总容量、已用空间、可用空间以及使用率。这对于监控磁盘使用情况和及时释放空间非常有帮助。

```
$ df -h
```

（3）使用 lsblk 命令

lsblk 命令以树状结构显示块设备信息，包括磁盘、分区和挂载点。通过运行 lsblk 命令，可以更清晰地了解系统中块设备之间的关系。该命令还会显示每个块设备的大小和文件系统类型。这对于了解系统的磁盘拓扑结构和分层关系非常有帮助。

```
$ lsblk
```

2. 分区和格式化

分区和格式化是在计算机硬盘上存储数据的基本操作，它们为文件系统的创建和使用提供了基础。

硬盘分区是将物理硬盘划分为逻辑部分的过程。每个分区被视为一个独立的存储单元，并且可以单独进行管理和操作。分区的创建可以根据用户需求和系统要求，将硬盘划分为多个区域，每个区域可以独立存储数据或安装操作系统。分区有助于提高数据的组织性和安全性。

格式化是在分区上创建文件系统的过程，以便操作系统能够在其中存储和读取数据。文件系统是一种组织和管理存储数据的结构，例如常见的 ext4、NTFS、FAT32 等。格式化过程会在分区上建立文件系统的结构，包括索引表、元数据等信息，使得文件能够被正确地存储和检索。格式化也会清空分区中的数据，因此在进行格式化之前，需要谨慎备份重要数据。

（1）分区工具：parted

parted 是一个强大的分区工具，允许在系统上创建、调整和删除分区。通过运行 sudo parted /dev/sdX 命令，可以进入交互式的 parted 模式，然后使用 mklabel 创建新的分区表。在下面的例子中，我们选择了全局唯一标识分区表（GUID Partition Table，GPT），这是一种现代化的分区方案。首先，进入交互式 parted 模式，然后选择磁盘并创建分区。我们创建了一个占据整个磁盘空间的 ext4 类型的主分区。

```
  $ sudo parted /dev/sdX
(parted) mklabel gpt
(parted) mkpart primary ext4 0% 100%
(parted) quit
```

（2）格式化：mkfs 命令

mkfs 命令用于在分区上创建文件系统。运行 sudo mkfs.ext4 /dev/sdXY 命令，将为指定的分区创建一个 ext4 文件系统。确保将 /dev/sdXY 替换为实际的分区设备。格式化是准备磁盘存储数据的重要步骤，它为文件系统提供了必要的结构和元数据。

```
$ sudo mkfs.ext4 /dev/sdXY
```

3. 挂载与卸载

挂载（Mount）与卸载（Unmount）是涉及文件系统的关键概念，它们是操作系统中用于访问和断开存储设备上文件系统的过程。

挂载是将文件系统与指定的目录关联起来，使得该目录成为文件系统的访问入口。当你挂载一个设备时，操作系统会使得该设备上的文件系统在指定的挂载点可被访问。这个过程可以将外部设备（如硬盘、USB 驱动器）或网络存储连接到文件系统的特定目录。例如，通过执行类似 sudo mount /dev/sdXY /mnt/point 的命令，可以将 /dev/sdXY 分区挂载到 /mnt/point 目录上。

卸载是指断开文件系统与其挂载点的关联，使得该挂载点重新变为普通的目录，不再是一个文件系统的入口。执行卸载操作的命令通常为 sudo umount /mnt/point，其中 /mnt/point 是之前挂载文件系统的目录。在卸载之前，操作系统会确保已经将所有数据写入磁盘，以防止数据丢失。

（1）挂载：mount 命令

挂载是指将文件系统连接到指定的目录，使得文件系统中的内容可以被访问。使用 mount 命令可以完成这个操作。例如：

```
$ sudo mount /dev/sdXY /mnt/point
```

这个命令将位于 /dev/sdXY 的分区挂载到 /mnt/point 目录。挂载点是一个现有的空目录，用于访问文件系统的内容。

（2）卸载：umount 命令

卸载是指断开文件系统与挂载点的连接，确保数据被完全写入磁盘。使用

umount 命令可以卸载已挂载的分区：

```
$ sudo umount /mnt/point
```

这个命令将卸载 /mnt/point 目录下的文件系统，使其不再可访问。

（3）fsck 命令

fsck 命令用于检查和修复文件系统中的错误。在文件系统损坏或不正常关机后，运行 fsck 命令可以帮助修复问题。例如：

```
$ sudo fsck /dev/sdXY
```

这个命令将检查位于 /dev/sdXY 分区上的文件系统，并根据需要执行修复。请注意，建议在执行此类操作之前卸载文件系统。

（4）自动挂载 /etc/fstab 文件

为了在系统启动时自动挂载特定的磁盘，我们使用 /etc/fstab 文件进行配置。编辑该文件，并添加以下行：

```
/dev/sdXY  /mnt/point ext4 defaults  0  2
```

其中，/dev/sdXY 是分区设备，/mnt/point 是挂载点，ext4 是文件系统类型，defaults 是挂载选项，而 0 和 2 分别表示在备份时不需要考虑和文件系统检查的顺序。这样，系统在启动时将自动挂载该分区。

通过这一步，我们确保了系统在每次启动时都能访问并使用特定的磁盘，提高了系统的可用性和一致性。

4. 磁盘监控

在 Linux 系统中，磁盘监控是维护系统可靠性和预防硬盘故障的至关重要的任务。smartctl 工具是一款用于监测硬盘健康状况的强大工具，利用 S.M.A.R.T.（Self-Monitoring, Analysis and Reporting Technology）提供详尽的硬盘健康信息。

使用 smartctl 进行磁盘健康检查，运行以下命令来获取硬盘健康状态和详细信息：

```
$ sudo smartctl -a /dev/sdX
```

这里，/dev/sdX 是想要监控的硬盘设备。执行该命令后，你将得到硬盘的各种数据，包括但不限于以下内容。

1）SMART Overall Health Test Status：该字段会告诉你硬盘是否通过了健康性测试。

2）Temperature：显示硬盘当前的温度。

3）Reallocated_Sector_Ct：表示已重新分配的坏扇区的数量。如果这个值不为零，可能意味着硬盘出现问题。

4）Power_On_Hours：显示硬盘的累计工作时间，帮助你评估硬盘的使用状况。

5）Error Rate、Seek Error Rate、Spin Retry Count 等：提供了硬盘读写错误和重新尝试的信息。

对于 smartctl 输出的解读需要参考硬盘制造商的文档，因为不同品牌的硬盘可能具有不同的 S.M.A.R.T 属性。通常，如果关键参数显示异常或者有增长趋势，可能预示着硬盘可能会在未来出现问题。在进行解读时，特别关注与坏扇区、错误率、重新尝试次数等相关的参数。

为了及时发现潜在的硬盘问题，建议定期运行 smartctl。你可以将其添加到系统的定期任务中，或者通过监控工具将其结果集成到系统监控中。通过及时响应硬盘的健康状态，可以采取预防措施，例如备份重要数据，及早更换故障的硬盘，以避免数据丢失和系统中断。

1.4.6　网络管理

Linux 中的网络管理涵盖了许多关键概念和技能。这些内容对于理解和管理 Linux 系统中的网络操作至关重要。本节主要包含其中比较重要且常用的操作命令。

1. 基本网络命令

（1）ping

ping 命令用于测试主机之间的网络连通性。它通过发送 ICMP（Internet Control Message Protocol）回显请求消息到目标主机并等待响应。

基本用法：

```
ping [目标主机]
```

选项和示例：

-c 指定发送请求数量：

```
ping -c 4 google.com。
```

-i 设置等待回应的间隔秒数：

```
ping -i 1 google.com。
```

（2）ifconfig

ifconfig 命令用于配置和显示 Linux 内核中网络接口的网络参数。

基本用法：

```
ifconfig [接口名]
```

示例：

启用或禁用网络接口：

```
ifconfig eth0 up / ifconfig eth0 down
```

配置 IP 地址和子网掩码：

```
ifconfig eth0 192.168.1.10 netmask 255.255.255.0
```

（3）ip

ip 命令是一个功能强大的工具，用于显示和操纵路由、设备、策略路由和隧道。

基本用法：

```
ip [选项] OBJECT {命令}
```

示例：

查看接口信息：

```
ip addr show
```

设置接口 IP：

```
ip addr add 192.168.1.10/24 dev eth0
```

（4）netstat

netstat（network statistics）命令显示网络连接、路由表、接口统计、伪装连接和多播成员资格等信息。

基本用法：

```
netstat [选项]
```

常用选项：

-a 显示所有选项（默认只显示活动连接）。

-t 显示 TCP 连接。

-u 显示 UDP 连接。

-l 仅显示监听的服务端口。

-n 以数字形式显示地址和端口号。

-p 显示哪个进程在使用哪个套接字或端口。

2. SSH 远程连接

SSH（Secure Shell）是一种网络协议，用于安全地在网络上执行命令和移动文件。SSH 提供了一种加密的网络连接，通过不安全的网络环境传输数据时能够保护数据的安全。当用户通过 SSH 连接到远程服务器时，连接是通过端口 22 进行的，并且所有传输的数据都是加密的，包括登录凭据。

（1）SSH 密钥对的生成与使用

为了安全地使用 SSH，建议使用 SSH 密钥对，而非仅依赖于密码。密钥对包括一个私钥和一个公钥。

1）生成密钥对：打开终端并运行以下命令来生成一个新的 SSH 密钥对。

```
ssh-keygen -t rsa -b 4096
```

当系统提示输入文件保存路径时，可以按〈Enter〉键接受默认路径（通常是 ~/.ssh/id_rsa）。接下来，可以设置一个密码来保护私钥。

2）复制公钥到远程服务器：使用 ssh-copy-id 命令将公钥复制到远程服务器。替换 username 和 remote_host 为实际用户名和服务器地址。

```
ssh-copy-id username@remote_host
```

这个步骤会要求输入远程服务器的密码。完成后，就可以使用密钥对而非密码来进行 SSH 连接了。

（2）连接到远程服务器

基本 SSH 连接命令：使用 SSH 连接到远程服务器非常简单，只需输入以下命令，替换相应的用户名和主机名或 IP 地址。

```
ssh username@remote_host
```

其中，username 是远程服务器上的用户账户，remote_host 可以是服务器的 IP 地址或主机名。如果你设置了 SSH 密钥对，并且已将公钥添加到远程服务器，系统将使用密钥对进行认证，而不是密码。

（3）SSH 配置和实践

修改默认 SSH 端口：出于安全考虑，建议更改 SSH 服务的默认端口（22）。这可以在远程服务器上的 SSH 配置文件 (/etc/ssh/sshd_config) 中完成，具体如下所示。

1）登录到你的远程服务器。使用文本编辑器打开 SSH 配置文件，例如：

```
sudo nano /etc/ssh/sshd_config
```

找到 #Port 22 行，并将其更改为其他端口号（例如 Port 2222）。去掉行首的 # 以激活该行。

2）保存文件并重启 SSH 服务：

```
sudo systemctl restart sshd
```

3）禁用根登录：在 sshd_config 文件中设置 PermitRootLogin no，以防止远程根用户登录。

在相同的 sshd_config 文件中，找到 PermitRootLogin 指令，将其更改为 PermitRoot-Login no。

4）保存文件并重启 SSH 服务。

5）使用 SSH 代理转发：这允许将 SSH 密钥从客户端安全地转发到远程服务器上的第三方服务器。

6）使用防火墙限制访问：使用防火墙（如 UFW 或 iptables）来限制可以访问 SSH 服务的 IP 地址。

7）定期更新和维护：定期更新 SSH 软件，监控日志文件以检测未授权的访问尝试。

3. 网络配置与故障排查

网络配置和故障排查在 Linux 操作系统管理中占有重要地位。下面的内容涵盖了在 Linux 环境中进行网络配置的基础知识以及如何进行有效的故障排查。

（1）网络配置

1）配置网络接口：使用 ip 命令或旧式的 ifconfig 命令来配置网络接口。例如，为网络接口 eth0 配置静态 IP 地址：

```
sudo ip addr add 192.168.1.10/24 dev eth0
```

2）启用或禁用网络接口：

```
sudo ip link set eth0 up   # 启用 eth0
sudo ip link set eth0 down # 禁用 eth0
```

3）配置 DNS：编辑 /etc/resolv.conf 文件来设置 DNS 服务器。

```
nameserver 8.8.8.8
nameserver 8.8.4.4
```

这些设置指定了 Google 的公共 DNS 服务器。

4）配置路由：使用 ip route 命令添加或修改路由表。例如，设置默认网关：

```
sudo ip route add default via 192.168.1.1
```

（2）故障排查

1）检查网络接口状态：使用 ip addr 或 ifconfig 查看网络接口的当前状态和配置。检查接口是否启用和正确配置。

2）检查网络连通性：使用 ping 命令测试与本地网络或外部网络的连通性。例如，ping 192.168.1.1（测试本地网络）或 ping google.com（测试外部网络）。

3）检查 DNS 解析：使用 nslookup 或 dig 命令检查 DNS 解析是否正常。例如，nslookup google.com。

4）检查路由表：使用 ip route 检查路由表，确保正确的路由设置。检查默认网关是否正确配置。

5）使用网络诊断工具。

traceroute（或 tracert）：跟踪到目的地的路径。

netstat：查看网络连接、路由表、接口统计信息等。

6）查看系统日志：系统日志（如 /var/log/syslog 或 /var/log/messages）可以提供网络服务或接口中断的信息。

（3）注意事项

1）在进行网络配置或故障排查时，需始终保持谨慎，特别是在生产环境中。

2）在修改网络设置之前，建议备份相关的配置文件。

3）网络问题可能由各种因素引起，从物理连接到软件配置都需要考虑。

4）在团队环境中，与同事沟通任何预期的更改或发现的问题总是一个好主意。

掌握这些基本的网络配置和故障排查技能对于任何管理 Linux 操作系统的专业人士来说都是必不可少的。这些技能不仅有助于保持系统的良好运行，还能在出现问题时快速响应，最小化潜在的中断时间。

1.4.7 防火墙设置

Linux 防火墙是 Linux 系统安全的重要组成部分，可以有效地阻止或减少恶意攻击、入侵和数据泄露的风险。通过合理地配置和使用 Linux 防火墙，可以提高 Linux 系统的网络性能和可靠性。Linux 防火墙是一种用于管理和保护 Linux 系统上进出的网络流量的解决方案或服务，利用内核中的 Netfilter 子系统进行数据包过滤和操作。

Linux 防火墙可以通过用户空间的接口来配置，如 iptables、ufw、firewalld 等。这些接口提供了简单或友好的方式来创建基于 IPv4 或 IPv6 的主机防火墙规则。Linux 防火墙通常采用基于区域的策略，根据不同的网络接口和源地址，将流量分配到不同的安全级别。每个区域都有一组预定义的服务和端口，可以根据需要允许或拒绝访问。例如，public 区域是默认的区域，通常只允许 ssh 服务，而 home 区域则可以允许更多的服务，如 nfs、samba 等。

Linux 防火墙可以通过命令行或图形界面来管理。常用的命令行工具有 ufw、firewall-cmd、iptables 等。图形界面工具有 gufw、firewall-config、firewalld-applet 等。这些工具可以帮助管理员快速地添加、删除或修改防火墙规则，以及查看防火墙状态和日志。

1. 常用知识点

1）Linux 防火墙有两种类型：iptables 和 firewalld。iptables 是一种静态防火墙，

配置文件在 /etc/sysconfig/iptables。firewalld 是一种动态防火墙，配置文件在 /etc/firewalld。

2）Linux 防火墙可以使用 systemctl 命令来启动、停止、重启或禁用。例如，systemctl start firewalld.service 可以启动 firewalld 防火墙。

3）Linux 防火墙可以使用 firewall-cmd 命令来查看、添加、删除或修改防火墙规则。例如，firewall-cmd --list-all 可以查看当前防火墙的状态和配置，firewall-cmd --permanent --add-port=3306/tcp 可以永久开放 3306 端口的 TCP 协议。

4）Linux 防火墙可以使用 zones 和 services 来定义不同的安全级别和服务组。例如，public zone 是默认的安全级别，允许常用的服务如 ssh 和 dhcpv6-client。可以使用 firewall-cmd --get-zones 和 firewall-cmd --get-services 来查看可用的 zones 和 services。

5）Linux 防火墙可以使用 rich rules 来定义更复杂的规则，如源地址、目标地址、端口、协议、动作等。例如，firewall-cmd --permanent --add-rich-rule='rule family= " ipv4" source address= "192.168.1.0/24" port protocol= " tcp " port= "22" accept' 可以永久允许 192.168.1.0/24 网段的 TCP 22 端口访问。

2. 防火墙设置的命令行

1）检查防火墙状态：service iptables status 或 firewall-cmd --state。

2）停止防火墙：service iptables stop 或 systemctl stop firewalld 或 systemctl stop firewalld.service。

3）向防火墙添加新规则：iptables -A…或 firewall-cmd --add-rule…。

4）从防火墙删除规则：iptables -D…或 firewall-cmd --remove-rule…。

5）保存对防火墙的更改：service iptables save 或 firewall-cmd --reload。

6）禁止 firewall 开机启动：systemctl disable firewalld.service。

3. 防火墙工具

1）UFW：UFW 是 Ubuntu 和许多其他 Linux 发行版的默认防火墙工具，它基于 Netfilter 框架，提供了简单易用的命令行界面，可以实现基本的防火墙功能。UFW 适合初学者和需要简单防火墙配置的用户使用。

2）IPFire：IPFire 是一个基于 Linux From Scratch 的开源防火墙操作系统，它可以在多种硬件设备上部署，包括 ARM 设备，如树莓派。IPFire 提供了一个直观的颜色编码的用户界面，可以将网络划分为不同的安全区域。IPFire 除了防火墙功能外，还提供了入侵检测和预防、VPN 等功能，并且可以通过一系列插件来增加更多功能。IPFire 适合需要一个专用、轻量级、易于配置的防火墙解决方案的用户使用。

3）OPNsense：OPNsense 是一个基于 FreeBSD 的开源防火墙操作系统，它提供了免费版和付费版（OPNsense Business Edition）。OPNsense 是一个高级的防火墙系统，提供了许多额外的功能，如深度分析网络数据包、过滤网页流量、使用内联入侵检测系统（IDS）应对外部威胁等。OPNsense 的优点是它有易于使用的网页界面、详细的文档和多语言支持。OPNsense 适合需要一个严肃、先进的网络安全解决方案的用户使用。

4）Endian Firewall（EFW）：Endian Firewall 是一个开源的即插即用状态防火墙操作系统，它也提供了免费版和付费版（带客户支持）。EFW 具有实时数据包监控、杀毒软件、网站统计记录等功能，并且可以通过远程网页界面进行管理。EFW 适合需要一个功能丰富、易于部署和维护的防火墙解决方案的用户使用。

本章小结

Linux 作为自由开源操作系统，承载着丰富的历史与发展。它起源于 1991 年的芬兰，如今已成为全球广泛应用的操作系统之一。其开源特性和强大的稳定性使其在从服务器到嵌入式设备的各种应用场景中得到广泛应用。

本章开始介绍了 Linux 的演变过程和核心理念，随后，介绍了其应用场景和 CentOS 的安装。需要注意，需要重点掌握 1.4 节的内容，其中涉及的操作命令和相关概念都需要熟练掌握。Docker 的管理通常通过命令行进行，而 Linux 系统也主要通过 Shell 命令行进行管理。因此，熟练掌握 Linux 命令行和 Shell 脚本对于学习和操作 Docker 容器是非常重要的。文件管理是 Linux 操作系统中的核心任务之一。通过终端和 Shell 命令，用户可以创建、复制、移动、删除文件和目录。基本的文件权限和所有权概念使得用户能够在系统中实现安全而有序的文件组织。文件系统的层次结构、符号链接等概念也是文件管理的重要组成部分。进程是计算机系统中正在运行的程序的实例，Linux 提供了强大的进程管理工具。通过命令 ps、kill 和 top，用户可以查看系统中运行的进程、终止进程或实时监控系统资源的使用情况。了解进程的父子关系、优先级和调度是优化系统性能和资源利用的关键。磁盘管理涉及对硬盘进行分区、格式化、挂载和卸载等操作。通过工具 fdisk 和 mkfs，用户可以对硬盘进行分区和格式化，以适应不同的需求。挂载和卸载则是将文件系统与指定目录连接和断开的过程，确保数据的可访问性。此外，磁盘管理还包括对磁盘空间的监控、使用工具 df 和 du 来了解文件系统的使用情况，以及使用 smartctl 监测硬盘健康状况。而网络管理在 Linux 系统中具有关键性意义。

本章内容是学习 Docker 容器的前提条件，Docker 容器直接在 Linux 系统上运行，因此熟悉 Linux 基础操作是学习 Docker 的先决条件。了解 Linux 文件系统、用户管理和网络配置等方面的知识有助于更好地理解和操作 Docker 容器。

章末练习

1-1 在 Linux 中，哪个命令用于查看当前工作目录？(　　)

A. ls　　B. pwd　　C. cd　　D. mkdir

1-2 如何在 Linux 中查看隐藏文件？(　　)

A. 使用 ls 命令　　B. 使用 ls -a 命令

C. 使用 ls -h 命令　　D. 使用 ls -l 命令

1-3 在 Linux 中，哪个命令用于复制文件或目录？(　　)

A. cp　　B. mv　　C. rm　　D. touch

1-4 如何在 Linux 中更改文件的所有者？(　　)

A. 使用 chown 命令　　B. 使用 chmod 命令

C. 使用 chgrp 命令　　D. 使用 usermod 命令

1-5 在 Linux 中，哪个命令用于显示当前运行的进程？(　　)

A. ps　　B. top　　C. kill　　D. bg

1-6 以下哪个命令用于在 Linux 中创建一个新的用户？(　　)

A. useradd　　B. adduser　　C. newuser　　D. A 和 B 都是

1-7 如何在 Linux 中查看磁盘使用情况？(　　)

A. 使用 df 命令　　B. 使用 du 命令

C. 使用 fdisk 命令　　D. 使用 diskfree 命令

1-8 在 Linux 中，哪个命令用于显示网络接口的状态和信息？(　　)

A. netstat　　B. ifconfig　　C. iwconfig　　D. ipconfig

1-9 如何在 Linux 中永久删除文件，使其无法恢复？(　　)

A. 使用 rm 命令　　B. 使用 rmdir 命令

C. 使用 shred 命令　　D. 使用 delete 命令

1-10 在 Linux 中，哪个命令用于更改文件或目录的权限？(　　)

A. chmod　　B. chown　　C. chgrp　　D. perm

1-11 在 Linux 中，____________命令用于更改目录。

1-12 使用____________命令可以查看文件的内容。

1-13 ____________命令用于在 Linux 中结束一个指定的进程。

1-14　在 Linux 文件系统中，根目录用____________表示。

1-15　____________命令用于在 Linux 中查找包含特定文本的文件。

1-16　描述 Linux 中的绝对路径和相对路径有什么区别。

1-17　解释 Linux 中的硬链接和软链接的区别。

1-18　在 Linux 系统中，/etc/passwd 和 /etc/shadow 文件分别存储了什么信息?

1-19　描述如何使用 grep 命令在文件中搜索特定的字符串。

1-20　解释在 Linux 中使用 iptables 命令配置防火墙的基本概念。

1-21　使用命令行在家目录下创建一个名为 Practice 的文件夹，并在其中创建三个子文件夹：Docs、Pictures、Code。通过命令行将一个已存在的文本文件复制到 Docs 文件夹中。使用 mv 命令将 Pictures 文件夹重命名为 Photos。

1-22　使用 sudo 命令编辑一个系统文件（如 /etc/hosts），并保存修改，查看系统中所有用户的权限设置。

1-23　使用 top 命令查看系统中消耗 CPU 最多的进程，通过 kill 命令终止一个指定进程。

1-24　使用 fdisk 命令查看系统磁盘的分区信息，并使用 mkfs 命令在一个空白的分区上创建一个新的文件系统。

1-25　使用 ifconfig 命令查看系统的网络接口信息，并使用 ping 命令测试连接到一个远程服务器。

1-26　使用 iptables 配置一个允许特定端口的规则。

第 2 章　Docker 基础知识

在第 1 章中，我们深入探讨了 Linux 的基础知识和关键管理技能。进入第 2 章，我们将聚焦于 Docker——当前最受欢迎的容器化技术。本章的核心是提供全面的 Docker 知识和实用技能，这些是掌握容器运维的关键前置技能。本章内容涵盖 Docker 镜像的创建和使用、Docker 容器的运行与监控、Docker 仓库的管理，以及 Dockerfile 的编写技巧。我们还将介绍容器编排的基础知识，特别是 Docker Compose 的应用，展示如何在复杂环境中有效管理多容器应用。

2.1　Docker 简介

2.1.1　Docker 概述

Docker 是一个开源的应用容器引擎，允许开发者打包他们的应用及依赖包到一个可移植的容器中，然后发布到任何流行的 Linux 机器上，也可以实现虚拟化。容器完全使用沙盒机制，相互之间不会有任何接口，这些容器可以在任何支持 Docker 的 Linux 机器上运行。Docker 的出现和发展，极大地改变了软件部署和运维的方式，使之更加高效和可靠。

Docker 最初是作为 DotCloud 公司（一家提供 PaaS 服务的企业）的一个内部项目开始的。这个项目基于 Linux 容器（LXC）技术构建，旨在简化应用的部署过程。2013 年 3 月，在 PyCon 会议上，Docker 首次作为开源项目对外公布。这一开源决策是 Docker 历史上的一个转折点，因为它很快吸引了人们的广泛关注和社区的积极参与。开源后，Docker 不仅仅简化了应用部署，更重要的是，它极大地促进了跨平台和系统的软件运行。

随着时间的推移，Docker 在技术上进行了重要的演变。最初依赖于 LXC 的 Docker 逐步转向使用自主研发的容器运行时环境，即 Docker Engine。这个转变使 Docker 在提供容器解决方案方面具有更大的灵活性和控制力。与此同时，围绕 Docker 形成了一个庞大的社区和生态系统，包括各种管理工具（如 Kubernetes），以及专门的 Docker 托管服务。

在商业化方面，Docker 公司开始向大型企业和组织提供更加稳定和安全的企业级服务。Docker 也参与了 Open Container Initiative（OCI）的创建，这是一个旨在制定容器技术行业标准的项目。这一努力表明了 Docker 在推动整个行业标准化方面的领导地位。

Docker 的历史和发展不仅是容器技术普及的见证，更是软件开发、发布和运维方式的革命性改变。从一个内部项目到影响全球的开源平台，Docker 已成为现代软件工程不可或缺的一部分。Docker 的图标如图 2-1 所示。Docker 图标中的鲸鱼通常代表 Docker 的吉祥物，这只鲸鱼通常被称为“ Moby Dock”。它是 Docker 社区的标志之一，具有友好和可爱的形象，意味着 Docker 的用户体验应该是轻松和愉快的。

图 2-1　Docker 的图标

2.1.2　Docker 的优势与应用场景

Docker 是一个用于开发、交付和运行应用程序的开放平台，它能够将应用程序与基础架构分开，从而可以迅速地交付软件。借助 Docker，可以以与管理应用程序相同的方式来管理基础架构。通过采用 Docker 的方法，能够迅速地交付、测试和部署代码，从而大大缩短了编写代码和在生产环境中运行代码之间的时间延迟。这种方法有助于提高软件开发的效率和灵活性，使开发团队更容易管理应用程序和基础设施。

Docker 作为一种先进的容器化技术，提供了许多传统虚拟化技术所不具备的显著优势。以下是 Docker 的主要优势。

1）轻量级：Docker 容器之所以轻量级，是因为它们与主机操作系统共享内核，而不必像传统虚拟机那样每个都加载完整的操作系统。这样一来，Docker 容器占用的资源更少，启动速度更快，能够在有限的硬件资源下运行多个容器实例。

2）一致性和可移植性：Docker 容器将应用程序及其依赖项封装在一起，确保了应用在不同环境（例如开发、测试和生产环境）中的一致性运行。这大大减少了由于环境差异导致的问题，使得开发人员和运维团队能够更轻松地在不同环境中部署和迁移应用。

3）便捷的版本控制和回滚：Docker 镜像可以通过版本控制进行管理，这使得跟踪应用程序版本、修复问题以及进行迭代开发变得非常便捷。开发团队可以轻松地管理不同版本的镜像，确保应用程序的稳定性和可维护性。

4）简化配置：Docker 容器的配置可以通过 Dockerfile 来定义，这种自动化的方式简化了部署和扩展过程。管理员可以轻松地重复使用和共享这些配置，减少了配置错误的风险，提高了整体效率。

5）隔离性：每个 Docker 容器都运行在独立的隔离环境中，这确保了容器之间的相互隔离，提高了安全性。即使在同一主机上运行多个容器，它们也不会相互干扰，这有助于保持应用的稳定性和安全性。

6）资源效率和密集度：由于 Docker 容器的轻量级特性，可以在相同的硬件资源下运行更多的容器实例，从而提高资源利用率。这降低了硬件成本，并且更有效地利用了可用资源。

7）微服务架构的支持：Docker 非常适合微服务架构，因为它可以为每个微服务提供独立的运行环境，同时保持轻量和高效。这有助于简化微服务的开发、部署和管理，使微服务架构更容易实现和维护。

8）开发者友好：Docker 提供了一种简单、一致的开发环境，减少了开发者在不同环境之间移植和调试的难度。开发者可以在本地构建和测试容器，然后将其轻松部署到其他环境中，缩短了开发周期。

9）强大的生态系统和社区支持：Docker 拥有庞大的社区支持和丰富的生态系统，提供了大量的工具、库和集成选项，可帮助开发团队更好地实现其容器化和部署需求，提高工作效率。

10）跨平台支持：Docker 可以在多种操作系统和云平台上运行，为应用程序的跨平台部署和管理提供了便捷性和灵活性。这使得应用可以更容易地在不同平台上实现可移植性和扩展性。

Docker 作为一种先进的容器化技术，在多种应用场景中发挥了重要作用。随着现代应用开发的演进，Docker 的应用场景不断扩展，为各种行业和领域带来了便利和灵活性。以下是 Docker 的一些主要应用场景。

1）简化配置：Docker 通过提供一致的运行环境，使得在不同的环境中创建和配置应用变得更加简单。我们可以在一个 Docker 容器中创建和配置我们的应用，然后将该容器在任何其他地方运行，无须重新配置。这大大减少了从一个环境（如开发或测试环境）迁移到另一个环境（如生产环境）时的配置工作，加速了应用的部署和迁移过程。

2）代码流水线管理：Docker 在持续集成和持续部署（CI/CD）流程中发挥了关键作用，可用于自动构建、测试和部署应用程序。通过使用 Docker 容器，开发团队可以确保应用在不同环境中的一致性和可靠性，从而提高了代码流水线的管理效率和质量。

3）提高开发效率：Docker 允许开发者在本地机器上创建与生产环境匹配的开发环境，从而减少了因“在我的机器上它是工作的”而引起的问题。同时，它支持快速部署和版本控制，使开发人员能够更快地迭代和测试代码，提高了开发效率。

4）应用隔离：Docker 提供了隔离的容器环境，每个容器都运行一个独立的应用。这意味着不同的应用可以在同一台主机上的不同容器中运行，而不会相互干扰。这增加了服务器的安全性，同时提高了资源利用率。

5）微服务架构：在微服务架构中，应用被分解为一系列小的服务，每个服务都在自己的容器中运行。Docker 非常适合这种架构，因为它可以为每个微服务提供轻量级的、独立的运行环境，从而实现微服务的灵活性和可维护性。

6）快速部署和扩展：Docker 容器可以在几秒钟内启动，这使得基于 Docker 的应用非常适合需要快速扩展和缩减的场景，如云服务和微服务架构。快速的部署和扩展能够更好地应对高流量和需求波动。

7）跨平台支持：Docker 可以在多种操作系统和云平台上运行，使得应用可以轻松地在不同的环境之间迁移和扩展。这提供了更大的灵活性和可移植性，有助于应对不同平台的需求。

8）灾难恢复：Docker 的容器化特性使得备份、恢复和迁移应用变得更加简单和高效。容器可以轻松地创建和销毁，因此在灾难恢复情况下，可以更快地恢复应用程序的正常运行。这提供了更可靠的业务连续性。

这些场景展示了 Docker 如何在现代软件开发和运维中发挥关键作用，特别是在提高开发效率、确保应用的一致性和稳定性，以及支持复杂的应用架构方面。随着软件行业的不断演进，Docker 的灵活性和可移植性使其成为解决许多常见挑战的强大工具。无论是小型创业公司还是大型企业，都能从 Docker 的优势中受益，加速应用程序的开发和交付，降低维护成本，提高可靠性和可扩展性。这些应用场景代表了 Docker 在当今技术领域的关键地位，为软件开发和 IT 运维带来了创新和改变。

2.1.3　Docker 架构

Docker 架构是实现容器化的关键，它为应用程序的打包、分发和运行提供了灵活且高效的解决方案。Docker 采用客户 – 服务器（C/S）架构，其中 Docker 客户端通过命令行工具或 RESTful API 向 Docker 服务器或守护进程发出请求。服务器或守护进程负责执行请求，并返回结果。

Docker 架构包括三个基本概念：镜像（Image）、容器（Container）和仓库（Repository）。镜像是一个只读模板，相当于一个 root 文件系统。容器是从镜像创建的运行实例，它可以被启动、停止、删除。仓库是集中存储镜像文件的仓库，Registry 是仓库注册中心，实际上仓库注册中心存放着多个仓库，每个仓库中又包含了多个镜像，每个镜像有不同的标签（Tag）。

Docker 的总体架构包括 Docker 服务器（Docker Daemon）、Docker 客户端（Docker Client）、Docker 注册中心（Docker Registry）、Docker 镜像（Docker Image）和 Docker 容器（Docker Container）等核心组件。Docker Daemon 是运行在主机上的守护进程，负责管理容器的创建、运行和停止。Docker Client 是用户与守护进程进行交互的工具，通过发送命令来执行各种操作。Docker Registry 用于存储和分享 Docker Image，最常见的是 Docker Hub。Docker Image 是轻量级、独立的可执行软件包，包含运行应用所需的所有内容。Docker Container 是基于镜像创建的实例化运行，包含应用及其所有依赖项。 Docker Compose 是一个工具，通过定义一个 YAML 文件，用于定义和运行多容器的 Docker 应用，简化了多容器应用的管理和部署。这一整套架构使得 Docker 能够封装应用及其依赖，实现高效、可移植和可扩展的容器化部署。

为了便于理解，我们可以将 Docker 比作一场有趣的大戏。在这场戏中，有两位主要演员，分别是 Docker 客户端和 Docker 服务器（或守护进程）。它们之间的互动就像是一场剧中的对话，客户端发出请求，服务器则负责执行这些请求，并返回结果。镜像就像是舞台上的背景，容器则是演员，仓库则是存放演员化妆用品和服装的地方。而注册中心则相当于这个地方的门卫，确保只有授权的演员可以进入。Docker 服务器就像是舞台上的导演，负责管理容器的创建、运行和停止。而 Docker 客户端则是观众，通过向导演发送命令来操作整个演出。

2.1.4　Docker 的安装

本节简要介绍 Docker 的安装方法和指令，读者可以参考。读者也可以在互联网上寻找其他更为详尽的安装教程，Docker 官网的详细指南是一个非常好用的工具。

根据官网的介绍，安装 Docker 的方法取决于操作系统和平台。Docker 提供了多种安装选项，包括 Docker Desktop、Docker Engine 和 Docker Binaries。

Docker Desktop 是一个适用于 Mac 和 Windows 的原生应用程序，它包含了所有的 Docker 工具，如 Docker Engine、Docker CLI、Docker Compose 等。它还提供了图形化界面和集成开发环境，方便用户管理和运行容器。你可以从 https://docs.docker.com/get-docker/ 下载并安装 Docker Desktop。

Docker Engine 是 Docker 的核心组件，它负责创建和运行容器。Docker Engine 可以在多种 Linux 发行版上安装，如 Ubuntu、Debian、CentOS 等。你可以从 https://

docs.docker.com/engine/install/ 选择合适的安装方法，如使用官方仓库、脚本或者静态二进制文件。

Docker Binaries 是一种手动安装 Docker Engine 的方法，它提供了一个静态链接的可执行文件，可以在任何 Linux 发行版上运行。你可以从 https://docs.docker.com/engine/install/binaries/ 下载并安装 Docker Binaries。

安装完成后，你可以使用 docker version 命令来验证 Docker 是否被正确安装。

Docker 有两种版本：Docker 社区版 (CE) 和 Docker 企业版 (EE)。Docker CE 是免费且开源的，适合希望开始使用 Docker 并尝试基于容器的应用程序的开发人员和小型团队。而 Docker EE 则是为需要生产就绪功能和支持的企业与 IT 团队而设计的。下面给出在 CentOS 8 上安装 CE 版本的示例。

第一步：移除旧版本的 Docker。

在安装 Docker CE 之前，需要移除之前可能安装的旧版本 Docker。

```
sudo dnf remove docker \
                docker-client \
                docker-client-latest \
                docker-common \
                docker-latest \
                docker-latest-logrotate \
                docker-logrotate \
                docker-engine
```

第二步：安装软件包。

使用以下命令安装必要的软件包并设置 Docker 仓库。

```
sudo dnf install -y dnf-plugins-core
sudo dnf config-manager --add-repo https: //download.docker.com/linux/centos/
  docker-ce.repo
sudo dnf config-manager --add-repo https: //download.docker.com/linux/centos/
  docker-ce.repo
`
sudo dnf config-manager --add-repo https: //download.docker.com/linux/centos/
  docker-
sudo dnf config-manager --add-repo https: //download.docker.com/linux/cento
sudo dnf config-manager --add-repo https: //download.docker.com/li
sudo dnf config-manager --add-repo https: //download.dock
sudo dnf config-manager --add-repo https: //down
sudo dnf config-manager --add-repo htt
sudo dnf config-manager --add
sudo dnf config-mana
sudo dnf co
su
```

第三步：安装 Docker。

现在可以安装最新版本的 Docker CE 以及 containerd，或者转到下一步选择特定版本。

```
sudo dnf install docker-ce docker-ce-cli containerd.io
```

如果想要安装特定版本的 Docker CE，请先列出仓库中可用的版本然后选择安装。

```
dnf list docker-ce --showduplicates | sort -r
```

然后使用以下命令安装选择的特定版本，其中 <VERSION_STRING> 是从上面命令的输出中选取的版本字符串。

```
sudo dnf install docker-ce-<VERSION_STRING> docker-ce-cli-<VERSION_STRING>
  containerd.io
```

第四步：启动 Docker。

安装完成后，启动 Docker 服务。

```
sudo systemctl start docker
```

第五步：验证安装。

为了验证 Docker 是否正确安装，可以运行 hello-world 镜像。

```
sudo docker run hello-world
```

这将下载一个测试镜像并在容器中运行。当容器运行时，它将打印一个信息性消息并退出。

第六步：配置 Docker 自动启动。

设置 Docker 服务在系统启动时自动启动。

```
sudo systemctl enable docker
```

第七步：（可选）无须 sudo 运行 Docker。

默认情况下，运行 Docker 命令需要管理员权限。为了避免每次使用 sudo，可以将用户添加到 Docker 组。

```
sudo usermod -aG docker $USER
```

为了这个更改生效，需要注销然后重新登录。

2.2　Docker 镜像

2.2.1　Docker 镜像基础

Docker 镜像是容器化技术的核心概念之一，它是一个轻量级、可执行的软件包，其中包含运行一个应用程序所需的所有代码、运行时环境、系统工具、库和设置。在 Docker 技术中，镜像用作创建容器的模板，可以看作容器的“蓝图”。当你启动一个镜像时，它在 Docker 引擎上运行，变成了一个或多个运行中的容器。

镜像是通过一系列分层构建而成的，每一层代表一个文件系统的修改。这种分层结构使得镜像在构建、分享和更新时更加高效。镜像是只读的，任何对镜像的修改都会生成一个新的镜像。通过标签，可以区分不同版本或配置的镜像。Docker Hub 等仓库提供官方和用户自定义的镜像，用户可以基于已有的官方镜像创建自定义镜像，添加自己的应用或配置。镜像的概念使得应用及其所有依赖能够以容器的形式封装，实现了高度可移植性和一致性。

我们也可以将镜像当作容器的“源代码”。镜像体积很小，非常“便携”，易于分享、存储和更新。镜像是一个只读的容器模板，含有启动 Docker 容器所需的文件系统结构及内容。Docker 以镜像和在镜像基础上构建的容器为基础，以容器开发、测试、发布的单元对应用相关的所有组件和环境进行封装，避免了应用在不同平台间迁移所带来的依赖问题，确保了应用在生产环境的各阶段达到高度一致的实际效果。

镜像可以被创建、启动、关闭、重启以及销毁。

1. 镜像的特点

1）不变性：镜像在构建之后是不会改变的。每次运行镜像，都会产生一个新的容器实例。这意味着我们可以确信，应用程序将在每次部署时都以相同的方式运行。

2）层叠文件系统：Docker 镜像使用层叠文件系统，每个层代表镜像构建过程中的一个指令。这些层被堆叠在一起，形成最终的镜像。当镜像被更新时，只有改变了的层需要被重新传输或存储，这使得镜像的分发和更新非常高效。

3）可组合性：我们可以使用基础镜像（如 Ubuntu 或 Alpine Linux）作为其他镜像的基础。这种继承机制允许复用现有的组件，从而快速开发和构建新应用程序。

4）轻量级：由于容器共享主机操作系统的内核，而不需要自己的操作系统，因此镜像比虚拟机镜像小得多，占用的存储空间更少。

5）可移植性：由于镜像包含了运行应用所需的一切，它们可以在任何 Docker 环境中无缝地运行，无论是开发人员的笔记本计算机还是生产环境的高性能服务器。

6）版本控制和追溯性：Docker 镜像可以通过标签进行版本控制。这意味着我们可以回滚到旧版本，比较不同版本之间的差异，或者根据特定版本创建新的镜像。

7）易于构建和分享：Dockerfile 提供了一种声明式的方式来定义镜像的构建过程。构建完成的镜像可以轻松地推送到 Docker Hub 或其他 Docker 注册中心，供团队成员或社区使用。

2. 镜像的功能

1）封装应用程序：Docker 镜像封装了应用程序及其依赖，确保了一致性和隔离性。

2）简化配置：通过 Dockerfile 中的指令，我们可以定义环境变量、默认配置和脚本，从而简化应用程序的配置工作。

3）快速部署：镜像可以在几秒钟内启动，从而使应用程序的部署变得迅速且一致。

4）开发和测试环境的一致性：开发人员可以使用与生产环境相同的镜像，在本地构建和测试应用程序，减少了“在我的机器上可以运行”的问题。

5）微服务架构：镜像促进了微服务架构的实施，因为每个服务可以被打包成独立的镜像，从而实现服务之间的松耦合。

6）多环境支持：镜像可以在不同的环境中以相同的方式运行，无论是物理服务器、云平台还是混合环境。

7）密集部署：由于镜像的轻量级和小尺寸，可以在有限的硬件资源上运行更多的实例，从而实现高密度的部署。

总结来说，Docker 镜像是构建、运行、分发和管理 Docker 容器化应用程序的基石，它们支持了现代应用程序的快速开发、测试和部署周期。

镜像的应用场景：Docker 镜像在软件开发、测试和部署的多个阶段都非常有用。它们提供了一个统一的环境，确保了开发者、测试人员和运维人员能在一致的环境中工作，从而减少了环境差异引起的“在我这里可行，在你那里不行”的问题。此外，镜像还支持微服务架构的实施，每个微服务都可以封装在自己的镜像中，独立部署和扩展。

2.2.2　Docker 镜像操作

在掌握了 Docker 容器的基本概念之后，本节将探讨 Docker 镜像的操作。Docker 镜像是构建 Docker 容器的基础，理解如何操作镜像是掌握 Docker 的关键。本节将涵盖从获取和探索镜像到创建和管理它们的全过程。

1. 获取 Docker 镜像

Docker 镜像可以通过多种方式获得，最常见的是从远程镜像仓库下载，如 Docker Hub。

拉取镜像，使用 docker pull 命令来从仓库拉取公共镜像：

```
docker pull [OPTIONS] NAME[: TAG|@DIGEST]
```

NAME：镜像仓库名

TAG：镜像的标签，默认是 latest

@DIGEST：镜像的内容唯一标识

假设你需要获取最新的官方 nginx 镜像来部署你的网站，你可以执行：

```
docker pull nginx: latest
```

这条命令会从 Docker Hub 下载最新版本的 nginx 镜像到你的本地环境。

2. 列出和审查镜像

下载镜像后，我们可能想要查看本地所有可用的镜像列表，并检查特定镜像的详细信息。

拉取镜像后，可以使用 docker images 或 docker image ls 命令列出本地可用的镜像：

```
docker images
```

获取 nginx 镜像的详细信息：

```
docker inspect nginx: latest
```

3. 构建自定义镜像

现实中，我们往往需要根据自己的应用定制镜像。这时，就需要用到 Dockerfile 来定义构建镜像的步骤。

假设你有一个简单的 Python Flask 应用，你需要创建一个包含该应用的 Docker 镜像。

创建 Dockerfile：

```
# 基于官方 Python 3.8 镜像
FROM python: 3.8
# 设置工作目录
WORKDIR /app
# 将当前目录下的所有文件复制到工作目录
COPY . /app
```

```
# 安装依赖
RUN pip install -r requirements.txt
# 暴露端口
EXPOSE 5000
# 定义环境变量
ENV NAME World
# 运行 Flask 应用
CMD ["python", "app.py"]
```

构建镜像：

```
docker build -t my-flask-app.
```

这个命令会根据当前目录下的Dockerfile创建一个名为my-flask-app的新镜像

4. 推送镜像到仓库

构建好自定义镜像后，你可能想要将其上传到Docker Hub或私有仓库，以便在其他机器或与团队成员共享。

首先，给你的镜像标记一个版本号和仓库地址：

```
docker tag my-flask-app username/my-flask-app: 1.0
```

然后，推送到Docker Hub：

```
docker push username/my-flask-app: 1.0
```

这会要求你先登录到Docker Hub。

5. 清理本地镜像

为了节省空间，你可能需要定期删除本地不再使用的镜像。

删除本地的nginx镜像：

```
docker rmi nginx: latest
```

如果镜像正在被容器使用，你可能需要先停止并删除那些容器。

2.2.3　Docker镜像的创建

Docker镜像是Docker容器运行时的只读模板，可以用来创建和运行容器。Docker镜像的创建有以下几种方法。

1）基于已有镜像创建：从Docker Hub或其他仓库下载一个镜像，然后在其基础上安装自己需要的软件和环境，最后使用docker commit命令将修改后的容器保存为新的镜像。

2）基于本地模板创建：从本地主机或网络上获取一个操作系统的模板文件，然后使用docker import命令将其导入为一个新的镜像。

3）基于 Dockerfile 创建：编写一个包含一系列指令的文本文件，用来描述如何从一个基础镜像构建出一个新的镜像，然后使用 docker build 命令根据 Dockerfile 生成新的镜像。

要创建 Docker 镜像，可以按照以下步骤进行操作。

1）下载一个容器，命令为：

```
docker pull training/sinatra
```

2）用容器启动这个镜像，命令为：

```
docker run -t -i training/sinatra /bin/bash
```

3）给使用中的容器添加自己需要的工具等，来组装自己的运行环境。

4）将上一步组装好的环境复制一份镜像，命令为：

```
docker commit -m "Added json gem" -a "KateSmith" \root@0b2616b0f4q0 ouruser/
    sinatra: v2
```

请注意，此处命令和 svn 的命令有些类似。docker commit 是提交的意思，类似告诉 svn 服务器我要生成一个新的版本。-m 就是添加注释，-a 是作者。\ 后面跟的是 1.2 的容器环境 id 要生成的镜像的名称。容器的 id 就是每次输入命令行 @ 后面的字符，例如：root@0b2616b0f4q0。镜像名称：hub 的名称或 tag。使用新建立的镜像，命令 docker run -t -i 生成的镜像名称为 /bin/bash。

2.2.4　Docker 镜像的导入与导出

有时我们需要将一台计算机上的镜像复制到另一台计算机上使用，除了可以借助仓库外，还可以直接将镜像保存成一个文件，再复制到另一台计算机上导入使用。

要导入或导出 Docker 镜像，可以使用 save 和 load 命令。

导出镜像：

```
docker save -o <path to image tar file><image name>
```

导入镜像：

```
docker load -i <path to image tar file>
```

例如，要将名为 my-image 的镜像导出到 /home/user/my-image.tar 文件中，我们可以使用以下命令：

```
docker save -o /home/user/my-image.tar my-image
```

要将此镜像导入到 Docker 中，请使用以下命令：

```
docker load -i /home/user/my-image.tar
```

2.3 Docker 容器

2.3.1 Docker 容器基础

虚拟化技术是现代计算环境中的一个核心概念，它允许在单个物理硬件上运行多个隔离的虚拟机（VM）。这些虚拟机由称为 Hypervisor 或虚拟机监控器的软件层管理，每个虚拟机都运行着自己的完整操作系统。虚拟化技术通过硬件抽象层实现资源的有效分配，允许多个操作系统实例同时运行，每个实例均有独立的计算、存储和网络资源。这种技术极大地提高了硬件利用率，同时提供了强大的隔离性和安全性。

然而，虚拟化技术也带来了一定的资源开销。每个虚拟机都需运行完整的操作系统和独立的应用堆栈，导致资源消耗较大，启动和管理过程也相对缓慢。为了解决这些问题，容器技术应运而生。

容器是一种轻量级的虚拟化形式，它们与虚拟机相比，提供了更为高效的资源利用。容器直接运行在宿主机的操作系统内核上，不需要为每个容器加载单独的操作系统。这样，容器可以共享宿主机的核心系统资源，同时还能保持相互隔离。每个容器内只包含应用程序及其运行所需的库和依赖，使得容器的体积更小，启动速度更快，资源消耗更低。

容器技术，尤其是通过 Docker 这样的工具实现的容器，为应用的快速部署、扩展和管理提供了极大的便利。它们支持快速的持续集成和持续部署（CI/CD）工作流程，是微服务架构和云原生应用的理想选择。总的来说，虽然容器和虚拟机在某些方面有重叠，但容器更加适合快速开发和高效运行轻量级应用，而虚拟机更适用于需要完整操作系统环境的场景。

Docker 可以帮助构建和部署容器，只需要把自己的应用程序或者服务打包放进容器即可。容器是基于镜像启动起来的，容器中可以运行一个或多个进程。我们可以认为，镜像是 Docker 生命周期中的构建或者打包阶段，而容器则是启动或者执行阶段。容器基于镜像启动，一旦容器启动完成后，我们就可以登录到容器中安装自己需要的软件或者服务。简而言之，容器是机器上的沙盒进程，与主机上的所有其他进程隔离。这种隔离利用了内核命名空间和 cgroups，这些功能在 Linux 中已经存在了很长时间。Docker 致力于使这些功能易于使用。

2.3.2 Docker 容器操作

1. 容器的基本操作

（1）启动容器

使用 docker run 命令创建并启动一个新容器。例如，要运行一个基于 Ubuntu 镜像的容器并访问其 Shell，可以执行：

```
docker run -it ubuntu /bin/bash
```

这个命令会下载 Ubuntu 镜像（如果本地不存在的话），创建一个新容器，并在该容器中启动一个交互式的 Shell。

（2）查看容器

使用 docker ps 命令可以查看当前正在运行的容器。

若要查看所有容器（包括停止的），可以加上 -a 选项：

```
docker ps -a
```

（3）停止容器

当完成工作，需要停止容器时，可以使用 docker stop 命令：

```
docker stop <container_id 或 container_name>
```

（4）重启容器

如果需要重新启动已停止的容器，可以使用 docker start 命令：

```
docker start <container_id 或 container_name>
```

（5）进入容器

如果想进入正在运行的容器，可以使用 docker exec 命令：

```
docker exec -it <container_id 或 container_name> /bin/bash
```

（6）删除容器

完成任务后，如果不再需要容器，可以使用 docker rm 来删除它：

```
docker rm <container_id 或 container_name>
```

2. 容器的高级操作

（1）端口映射

在运行容器时，可以使用 -p 参数将容器内的端口映射到宿主机的端口上，使外部能够访问容器内的应用：

```
docker run -p < 宿主机端口 >: < 容器端口 ><image>
```

（2）数据卷

使用 -v 参数挂载数据卷，可以实现数据的持久化和容器间的数据共享：

```
docker run -v < 宿主机目录 >: < 容器目录 ><image>
```

（3）环境变量

通过 -e 参数，可以在运行容器时设置环境变量：

```
docker run -e "环境变量名=值" <image>
```

（4）资源限制

Docker 允许对容器的资源使用进行限制，例如限制 CPU 使用或内存消耗。

（5）查看日志

使用 docker logs 命令可以查看容器的标准输出和错误输出，这对于调试应用程序非常有用。

（6）监控容器

docker stats 命令提供了一个实时的容器资源使用视图，如 CPU、内存、网络 I/O。

在操作 Docker 容器时，需要特别注意资源管理、安全性、数据持久化、网络配置、日志管理以及镜像和容器生命周期的管理。合理分配资源至关重要，过度分配可能影响宿主机性能，而资源限制则可以防止单个容器的过度消耗。从安全角度考虑，避免以 root 用户身份运行容器，并定期更新软件以防止安全漏洞。对于数据持久化，应明确哪些数据是关键的，并利用数据卷或挂载进行存储，同时定期备份重要数据。在网络配置方面，注意不要暴露不必要的端口，使用 Docker 网络功能加强容器间的通信安全。合理配置容器日志，防止过大的日志文件占用过多空间，并考虑采用集中式日志管理以便于监控和分析。

使用官方或经过验证的镜像源，定期清理无用镜像和悬挂的镜像层，以节省存储空间。最后，细致考虑容器的生命周期和更新策略，特别是在生产环境中，确保容器的平滑升级和快速回滚，同时监控容器的运行状态和性能，以确保系统的稳定和安全。

2.3.3 Docker 容器管理

Docker 容器管理是指使用 Docker 命令或 API 来创建、运行、监控、更新和删除容器的过程。Docker 容器管理包括以下内容。

1. 容器的生命周期管理

1）创建并启动容器。使用 docker container run 命令来创建和启动一个新的容器：

```
docker container run -d nginx
```

这个命令会创建并启动一个 nginx 容器。

2）停止容器。使用 docker container stop 命令来删除一个运行中的容器：

```
docker container stop nginx
```

停止名为 nginx 的容器。

3）删除容器。使用 docker container rm 命令来删除一个运行中的容器：

```
docker container rm nginx
```

删除已停止的 nginx 容器。

4）重新启动已存在的容器。使用 docker container start 命令来重新启动一个已经存在的容器：

```
docker container start nginx
```

重新启动名为 nginx 的容器。

5）重新启动运行中的容器。使用 docker container restart 命令来重启一个运行中的容器：

```
docker container restart nginx
```

重新启动名为 nginx 的容器。

6）暂停 / 恢复容器。使用 docker container pause 和 docker container unpause 命令来暂停和恢复一个运行中的容器：

```
docker container pause nginx
docker container unpause nginx
```

暂停和恢复名为 nginx 的容器。

7）强制终止容器。使用 docker container kill 命令来强制终止一个运行中的容器：

```
docker container kill nginx
```

强制终止名为 nginx 的容器。

2. 容器的信息查看

1）列出容器。使用 docker container ls 命令来列出当前系统上所有的容器：

```
docker container ls
```

列出所有运行中的容器。

2）查看容器详细信息。使用 docker container inspect 命令来查看一个容器的详细信息：

```
docker container inspect nginx
```

查看名为 nginx 的容器的详细信息。

3）查看容器资源使用情况：使用 docker container stats 命令来查看一个或多个容器的资源使用情况：

```
docker container stats
```

查看所有容器的资源使用情况。

4）查看容器日志。使用 docker container logs 命令来查看一个容器的日志输出：

```
docker container logs nginx
```

查看名为 nginx 的容器的日志输出。

5）查看容器内部进程。使用 docker container top 命令来查看一个容器内部的进程信息：

```
docker container top nginx
```

查看名为 nginx 的容器内部的进程信息。

6）查看容器端口映射。使用 docker container port 命令来查看一个容器的端口映射情况：

```
docker container port nginx
```

查看名为 nginx 的容器的端口映射情况。

3. 容器的操作执行

1）在容器内执行命令。使用 docker container exec 命令在一个运行中的容器内部执行一个命令或者启动一个进程：

```
docker container exec nginx ls /usr/share/nginx/html
```

在 nginx 容器内执行 ls 命令。

2）连接到容器的标准流。使用 docker container attach 命令来连接到一个运行中的容器的标准输入、输出和错误流：

```
docker container attach nginx
```

连接到 nginx 容器。

3）复制文件 / 目录。使用 docker container cp 命令来在容器和主机之间复制文件或者目录：

```
docker container cp nginx: /usr/share/nginx/html
```

将 nginx 容器内的文件复制到当前目录。

4）查看容器文件系统变化。使用 docker container diff 命令来查看一个容器自创建以来所做的文件系统变化：

```
docker container diff nginx
```

查看 nginx 容器自创建以来的文件系统变化。

4. 容器的网络管理

1）创建网络。使用 docker network create 命令来创建一个自定义的网络：

```
docker network create my-network
```

创建一个名为 my-network 的自定义网络。

2）列出网络。使用 docker network ls 命令来列出当前系统上所有的网络：

```
docker network ls
```

列出所有网络。

3）查看网络详细信息。使用 docker network inspect 命令来查看一个网络的详细信息：

```
docker network inspect my-network
```

查看 my-network 网络的详细信息。

4）连接/断开容器到网络。使用 docker network connect 和 docker network disconnect 命令来将一个或多个容器连接或断开到一个网络：

```
docker network connect my-network nginx
docker network disconnect my-network nginx
```

将 nginx 容器连接或断开到 my-network 网络。

5）删除网络。使用 docker network rm 命令来删除一个网络：

```
docker network rm my-network
```

删除 my-network 网络。

2.3.4 Docker 容器的导入与导出

Docker 容器的导入和导出是一种将容器保存到文件并从文件中加载容器的操作。这在容器备份、迁移和分享中非常有用。一般有两种方式。

1. 使用 export 和 import 指令

导出容器：要导出 Docker 容器，我们可以使用 docker export 命令。这个命令将容器的文件系统快照保存为一个压缩文件。以下是导出容器的示例。

首先，运行一个容器并为其指定一个名称。假设我们有一个名为 my-container 的容器：

```
docker run --name my-container -d nginx
```

其次，使用 docker export 命令导出容器快照并将其保存到一个文件，例如 my-container-export.tar：

```
docker export my-container > my-container-export.tar
```

这将创建一个 tar 压缩文件 my-container-export.tar，其中包含了容器的文件系统快照。

导入容器：要导入 Docker 容器，我们可以使用 docker import 命令。这个命令将从压缩文件中加载容器文件系统快照并创建一个新的容器。以下是导入容器的示例。

首先，使用 docker import 命令从导出的 tar 文件创建一个新的容器镜像。例如，我们创建一个名为 my-new-image 的镜像：

```
docker import my-container-export.tar my-new-image
```

这将从 my-container-export.tar 中加载文件系统快照并创建一个名为 my-new-image 的新容器镜像。

其次，我们可以使用新的容器镜像创建一个容器并运行它：

```
docker run -d --name my-new-container my-new-image
```

这将基于新镜像创建一个新容器，其名称为 my-new-container。

现在，已经成功导出了一个 Docker 容器并将其导入为一个新的容器镜像，并创建了一个新的容器实例。请注意，导出的容器不包括容器的运行时状态，如进程、网络连接等。导入后，可以使用新容器运行应用程序，但不会继续原始容器的运行状态。

这些操作非常有用，特别是在容器备份、迁移和分享方面。但请谨慎使用它们，因为导出的容器不包括容器的运行时状态，可能需要额外的配置和调整。

2. 使用 save 和 load 指令

导出容器：docker save 命令用于将一个或多个镜像打包为一个 tar 压缩文件。我们可以将一个容器以及它的依赖镜像导出为一个 tar 文件。以下是一个示例，演示如何使用 docker save 导出一个容器。

运行一个容器并为其指定一个名称。假设我们有一个名为 my-container 的容器：

```
docker run --name my-container -d nginx
```

使用 docker save 命令导出容器及其依赖镜像，并将它们保存到一个 tar 文件，例如 my-container-export.tar：

```
docker save -o my-container-export.tar my-container
```

这将创建一个 tar 压缩文件 my-container-export.tar，其中包含了指定容器及其依赖的镜像。

导入容器：docker load 命令用于从一个 tar 压缩文件中加载镜像，并在本地系统上创建一个或多个镜像。我们可以使用这个命令来加载之前导出的容器快照。以下是一个示例，演示如何使用 docker load 导入一个容器。

使用 docker load 命令从之前导出的 tar 文件 my-container-export.tar 中加载镜像：

```
docker load -i my-container-export.tar
```

这将加载 tar 文件中包含的镜像，并将它们存储在本地系统上。

创建一个新的容器并运行它，使用刚才加载的镜像：

```
docker run -d --name my-new-container my-container
```

这将基于刚才加载的镜像创建一个新容器实例，其名称为 my-new-container。

现在，已经成功使用 docker save 导出了一个容器并使用 docker load 导入为一个新的镜像，并在新容器上运行了该镜像。这种方法与之前描述的 docker export 和 docker import 类似，但它同时保存了容器和其依赖的镜像，使得迁移和分享更加方便。

2.4 Docker 仓库

2.4.1 Docker 仓库基础

Docker 仓库是用来存储和分发 Docker 镜像的地方。Docker 镜像是一种可执行的文件，包含了运行一个容器所需的所有代码、配置和依赖。Docker 仓库可以是公开的，也可以是私有的。公开的仓库可以被任何人访问和使用，而私有的仓库只能被授权的用户访问和使用。

Docker Hub 是 Docker 官方提供的一个公开的仓库服务，它包含了数百万的 Docker 镜像，涵盖了各种应用、框架和操作系统。用户可以在 Docker Hub 上搜索、下载、上传和管理自己的 Docker 镜像。用户也可以创建自己的组织和团队，以便于协作和共享 Docker 镜像。

除了 Docker Hub 之外，用户也可以使用其他的仓库服务，如 Amazon ECR、Google GCR、Azure ACR 等，或者自己搭建私有的仓库服务，如 Harbor、Nexus 等。这些仓库服务通常提供了更多的功能和安全性，如版本控制、扫描、签名等。

总之，Docker 仓库是 Docker 生态系统中的重要组成部分，它使得用户可以方便地获取和分享 Docker 镜像，从而提高了开发和部署的效率和可靠性。

2.4.2 Docker 仓库操作

1. 创建一个普通仓库

1）创建仓库：

```
docker run -d -p 5000: 5000 --restart=always --name registry -v/opt/myregistry:
  /var/lib/registry  registry
```

2）修改配置文件，使之支持 http：

```
[root@docker01 ~]# cat  /etc/docker/daemon.json
{
  "registry-mirrors": ["https: //registry.docker-cn.com"],
  "insecure-registries": ["10.0.0.100: 5000"]
}
```

重启 Docker 让修改生效：

```
[root@docker01 ~]# systemctl restart  docker.service
```

3）修改镜像标签：

```
[root@docker01 ~]# docker tag  busybox: latest10.0.0.100: 5000/clsn/busybox: 1.0
[root@docker01 ~]# docker images
REPOSITORY                 TAG        IMAGE ID        CREATED          SIZE
centos6-ssh                latest     3c2b1e57a0f5    18 hours ago     393MB
httpd                      2.4        2e202f453940    6 days ago       179MB
10.0.0.100: 5000/clsn/busybox 1.0     5b0d59026729    8 days ago       1.15MB
```

4）将新打标签的镜像上传到仓库：

```
[root@docker01 ~]# docker push 10.0.0.100: 5000/clsn/busybox
```

2. 带 basic 认证的仓库

1）安装加密工具：

```
[root@docker01 clsn]# yum install httpd-tools  -y
```

2）设置认证密码：

```
mkdir /opt/registry-var/auth/ -p
htpasswd  -Bbn clsn 123456  > /opt/registry-var/auth/htpasswd
```

3）启动容器，在启动时传入认证参数：

```
docker run -d -p 5000: 5000 -v /opt/registry-var/auth/: /auth/ -e "REGISTRY_
    AUTH=htpasswd" -e "REGISTRY_AUTH_HTPASSWD_REALM=RegistryRealm" -e REGISTRY_
    AUTH_HTPASSWD_PATH=/auth/htpasswd registry
```

4）使用验证用户测试：

```
  # 登录用户
[root@docker01 ~]# docker login 10.0.0.100: 5000
Username: clsn
Password: 123456
Login Succeeded
# 推送镜像到仓库
[root@docker01 ~]# docker push 10.0.0.100: 5000/clsn/busybox
```

```
The push refers to repository [10.0.0.100: 5000/clsn/busybox]
4febd3792a1f: Pushed
1.0: digest: sha256: 4cee1979ba0bf7db9fc5d28fb7b798ca69ae95a47c5fecf46327720df-
4ff352d size: 527
# 认证文件的保存位置
[root@docker01 ~]# cat .docker/config.json
{
  "auths": {
      "10.0.0.100: 5000": {
      "auth": "Y2xzbjoxMjM0NTY="
    },
    "https: //index.docker.io/v1/": {
      "auth": "Y2xzbjpIenNAMTk5Ng=="
    }
  },
  "HttpHeaders": {
    "User-Agent": "Docker-Client/17.12.0-ce (linux)"
  }
}
```

至此，一个简单的 Docker 镜像仓库搭建完成。

3. 其他 Docker 仓库操作

Docker 仓库操作还包括搜索镜像、拉取镜像、推送镜像等。

（1）搜索镜像

使用 docker search 命令可以在 Docker 仓库中搜索镜像，示例如下：

```
docker search ubuntu
```

这将搜索 Docker Hub 上的所有与“ Ubuntu”相关的镜像，并列出它们的名称、描述以及星级评分。

（2）拉取镜像

使用 docker pull 命令可以从 Docker 仓库中拉取镜像到本地，示例如下：

```
docker pull ubuntu
```

这将从 Docker Hub 上拉取官方的 ubuntu 镜像到本地。

（3）推送镜像

使用 docker push 命令可以将本地的镜像推送到 Docker 仓库，当然前提是要有权限进行推送，示例如下：

```
docker push your-username/your-repo: tag
```

其中 your-username 是 Docker Hub 上的用户名，your-repo 是设置的仓库名称，

tag 是为镜像指定的标签。

（4）查看镜像列表

使用 docker images 命令可以查看本地系统上的镜像列表，示例如下：

```
docker images
```

这将列出所有已下载到本地的镜像，包括镜像名称、标签、大小等信息。

（5）删除本地镜像

使用 docker rmi 命令可以删除本地的镜像，示例如下：

```
docker rmi ubuntu
```

这将删除本地的 Ubuntu 镜像。请注意，要删除镜像，必须确保没有正在运行的容器使用该镜像。

（6）登录到 Docker Hub

使用 docker login 命令可以登录到 Docker Hub，以便在执行推送操作时进行身份验证，示例如下：

```
docker login
```

然后会提示我们输入 Docker Hub 的用户名和密码，以便登录。

（7）登出 Docker Hub

使用 docker logout 命令可以从 Docker Hub 注销当前会话，示例如下：

```
docker logout
```

这将清除当前会话的身份验证信息，以便下次需要重新登录。

2.5 Dockerfile

2.5.1 Dockerfile 基础

Dockerfile 是一个用来构建 Docker 镜像的文本文件，它包含了一系列的指令，每一条指令都会创建一个新的镜像层。

Dockerfile 产生的背景是为了简化和自动化 Docker 镜像的构建过程。Docker 镜像是 Docker 容器运行时的只读模板，它包含了操作系统、应用程序和依赖等所有必要的文件。如果没有 Dockerfile，用户要构建一个 Docker 镜像，就需要手动执行一系列的命令，比如下载基础镜像、安装软件包、配置环境变量、复制文件等，这样不仅效率低下，而且容易出错。

Dockerfile 主要解决的问题是实现 Docker 镜像的可复用、可共享和可维护。通过编写一个包含一系列指令的文本文件，用户可以描述如何从一个基础镜像构建出一个新的镜像，然后使用 docker build 命令根据 Dockerfile 生成新的镜像。这样，用户可以方便地重复构建相同或相似的镜像，也可以将 Dockerfile 发布到代码仓库或者 Docker Hub 上，让其他人可以使用或修改。此外，使用 Dockerfile 也有利于记录和跟踪镜像的变化历史，便于进行版本控制和回滚。

2.5.2 Dockerfile 操作

Dockerfile 通常由一系列指令组成，每个指令执行一个特定的任务。这些指令按顺序逐个执行，构建 Docker 容器镜像。以下是一些常见的 Dockerfile 指令和它们的作用。

FROM：指定基础镜像，必须是第一条非注释指令。

LABEL：添加镜像的元数据，使用键值对的形式。

RUN：在镜像中执行命令，可以有多条，每条会创建一个新的层。

CMD：指定容器启动时的默认命令，只能有一条，如果有多条，只有最后一条生效。

ENTRYPOINT：指定容器启动时的主要命令，可以配合 CMD 使用。

EXPOSE：声明容器运行时监听的端口。

ENV：设置环境变量，可以在其他指令中引用。

ADD：将文件或目录复制到镜像中，如果是压缩文件，会自动解压。

COPY：将文件或目录复制到镜像中，功能类似 ADD，但不会自动解压。

VOLUME：定义匿名卷或命名卷，可以实现数据持久化或共享。

WORKDIR：设置工作目录，后续的指令都会在该目录下执行。

USER：设置用户或用户组，后续的指令都会以该用户身份执行。

ARG：定义构建时的变量，可以在 docker build 命令中传递值。

ONBUILD：定义触发器，在当前镜像被用作其他镜像的基础时执行。

STOPSIGNAL：设置发送给容器以退出的系统调用信号。

HEALTHCHECK：定义检查容器健康状态的命令和参数。

SHELL：覆盖默认的 Shell，用于 RUN、CMD 和 ENTRYPOINT 指令。

2.5.3 Dockerfile 示例

以下是一个简单的 Python Web 应用程序示例。该示例包含了上述讨论的部分概念，以帮助读者了解如何编写和定制 Dockerfile。

```
# 使用官方 Python 镜像作为基础镜像
FROM python: 3.9-slim
```

```
# 设置工作目录
WORKDIR /app
# 复制应用程序代码到容器中
COPY . /app
# 安装应用程序依赖项
RUN pip install -r requirements.txt
# 设置环境变量
ENV FLASK_APP=app.py
ENV FLASK_RUN_HOST=0.0.0.0
# 暴露应用程序端口
EXPOSE 5000
# 定义容器启动命令
CMD ["flask", "run"]
```

上述 Dockerfile 用于构建一个简单的 Python Web 应用程序的容器镜像，让我们逐步解释每个部分。

1）使用官方 Python 3.9-slim 镜像作为基础镜像，这是一个轻量级的 Python 镜像。

2）使用 WORKDIR 指令设置工作目录到 /app，这将是容器内的工作目录。

3）使用 COPY 指令将当前目录中的所有文件复制到容器内的 /app 目录中。

4）使用 RUN 指令运行 pip install 来安装应用程序的依赖项，依赖项应该在 requirements.txt 文件中定义。

5）使用 ENV 指令设置环境变量，包括 FLASK_APP 和 FLASK_RUN_HOST，以配置 Flask 应用程序的运行。

6）使用 EXPOSE 指令暴露容器的端口 5000，以便外部可以访问 Web 应用程序。

7）使用 CMD 指令定义容器启动时要执行的命令，这里是启动 Flask 应用程序。

通过这个示例，读者可以看到如何使用 Dockerfile 来构建一个 Python Web 应用程序的 Docker 容器镜像。它涵盖了从选择基础镜像到设置环境变量和最终启动应用程序的全部过程。读者可以根据自己的需求和应用程序的特点进行自定义。

还需注意的是在实践过程中最好保持一个好的习惯，编写高质量的 Dockerfile 有助于确保容器镜像的性能和安全性。以下是一些 Dockerfile 实践注意事项。

1）最小化镜像大小：使用最小化的基础镜像，如 Alpine Linux，以减小容器镜像的大小。这有助于加快下载和部署速度。

2）减少层的数量：尽量减少 Dockerfile 中层的数量。每个指令都会创建一个新的层，因此减少指令数量可以降低镜像的复杂性和大小。

3）避免使用 root 用户：在容器中避免使用 root 用户，以减小潜在的安全风险。使用非特权用户来运行应用程序。

4）清理不必要的文件：在 Dockerfile 中清理不必要的临时文件和缓存，以减小镜像的大小。

在编写 Dockerfile 时，要考虑安全性，以确保容器镜像不容易受到攻击。以下是一些安全性考虑。

1）使用官方镜像：尽量使用官方维护的基础镜像，因为它们通常会接收及时的安全更新。

2）仅复制必要文件：仅复制容器需要的文件，不要将整个工作目录复制到容器中。

3）安装安全软件包：使用官方软件包管理器来安装依赖项，并确保软件包是安全的版本。

4）容器健康检查：在 Dockerfile 中定义容器健康检查，以确保容器在运行时处于健康状态。

5）密钥管理：不要在镜像中存储敏感信息，如密钥或密码。使用 Docker 的机密管理工具来处理敏感信息。

通过遵循这些最佳实践和安全性考虑，可以提高 Docker 容器镜像的质量和安全性，从而降低潜在的风险。这将有助于确保容器应用程序在生产环境中运行顺利。

2.6　Docker 容器编排

2.6.1　Docker 容器编排概念

Docker 容器编排涉及在 Docker 环境中对一组容器进行高效管理和调度的一系列操作和技术。这个过程包括启动、停止、扩展容器，以及管理容器间的通信和依赖关系。容器编排的主要目的是简化在单个主机或跨多个主机（集群）上部署和运行容器化应用的复杂性。

在没有容器编排的情况下，管理容器化应用可能会非常烦琐。例如，如果有一个由多个服务组成的应用（如前端、后端和数据库），每个服务都运行在不同的容器中，就需要手动启动每个容器，设置网络连接，并确保它们按正确的顺序启动和关闭。随着服务数量的增加，这个过程变得越来越复杂。

容器编排工具，如 Docker Compose，允许通过配置文件来定义多个容器的属性，包括它们的网络、存储、依赖关系等。这意味着可以通过一个命令来启动整个应用，而不是逐个手动处理每个容器。此外，容器编排还支持自动化任务，例如根据系统负载自动增加或减少服务实例的数量，实现应用的自动扩展和缩容。

在更复杂的场景下，如使用 Kubernetes 这样的编排工具，可以在整个集群上管理容器。这包括在不同主机上自动分配容器、容器健康监控以及自动恢复失败的服务，从而提高应用的可用性和可靠性。

1. 关键概念

1）服务（Service）：在 Docker 编排环境中，服务是定义一组相同任务的高层次抽象。这些任务通常是运行在不同容器内的相同应用实例。服务允许我们扩展同一应用的多个实例，确保负载均衡和高可用性。

2）堆栈（Stack）：堆栈是 Docker 中更进一步的抽象，用于定义多个相互关联的服务。在堆栈中，我们可以定义整个应用程序的网络、服务和卷配置，从而将整个应用作为一个单元进行部署和管理。

3）网络（Network）：Docker 编排工具提供了多种网络配置，用于定义容器间如何相互通信。这包括桥接网络、覆盖网络等，允许我们根据需求设计容器之间的通信方式。

4）数据卷（Volume）：数据卷在 Docker 中是一种特殊的机制，用于在容器之间或容器与宿主机之间持久化和共享数据。数据卷是 Docker 容器化环境中处理数据存储的重要组成部分。它们解决了容器本身数据非持久性的问题，使得即使在容器被删除后，数据仍然可以保留和访问。

5）Docker Compose：Docker Compose 是 Docker 容器编排的一个重要工具，它允许我们通过一个 YAML 文件定义多个容器的配置。这使得部署多容器应用变得简单，只需一个命令即可同时启动或停止整个应用。

6）扩展与自动伸缩：Docker 编排工具支持基于负载和其他指标自动调整服务中的容器数量。这意味着应用可以根据需要自动扩展或收缩，优化资源利用和响应性能。

2. Docker 和容器编排工具

Docker 和容器编排工具之间的关系可以类比于个体和团队之间的关系。Docker 本身专注于单个容器的生命周期管理，包括创建、运行和维护容器。它提供了一个标准化的平台，使得应用可以在任何环境中一致地运行。简而言之，Docker 是构建和运行容器的基础工具。

而容器编排工具，如 Kubernetes、Docker Swarm 等，扩展了 Docker 的功能，专注于大规模、分布式系统中容器的协调和管理。这些工具引入了自动化部署、伸缩和管理的概念，可以高效管理在多主机或云环境中运行的复杂应用。容器编排工具通过集中管理、服务发现、负载均衡、自动恢复等高级特性，处理了大型应用在运行和扩展过程中的复杂性。

在这种关系中，Docker 提供了容器化的基本单元和基础设施，而容器编排工具则建立在这个基础之上，提供更广泛的管理能力和自动化支持。二者共同为现代应用的部署和管理提供了一个全面、灵活且强大的解决方案。简言之，Docker 是构建应用的起点，容器编排是实现应用在更大规模和更复杂环境中运行的关键。

Docker 和容器编排工具之间的主要区别在于它们各自的职责范围和使用场景。Docker 专注于单个容器的创建和管理，而容器编排工具则处理多容器应用的复杂部署和运维任务。

Docker 和容器编排工具之间有以下区别。

（1）基础与扩展

Docker 是一个容器化平台，用于创建、运行和管理单个容器。它包括构建容器镜像、运行容器、在容器间隔离资源和网络等功能。

容器编排工具（如 Kubernetes、Docker Swarm）在 Docker 的基础上提供了更高层次的管理功能，专门用于协调和管理部署在多个主机上的大量容器。

（2）功能和复杂性

Docker 提供了基本的容器管理功能，适合单机环境或简单的应用部署。

容器编排工具提供了更复杂的功能，如自动扩展、服务发现、负载均衡、滚动更新和自愈能力。这些特性对于大型、分布式的应用环境至关重要。

（3）使用场景

Docker 适用于开发和测试环境，以及小型生产部署。它是理解和学习容器化的良好起点。

容器编排工具适用于更大规模的生产环境，特别是需要高可用性、可扩展性和复杂网络配置的场景。

（4）管理级别

Docker 管理的是单个容器级别的任务，如容器的生命周期管理、网络和存储配置。

容器编排工具管理的是容器群级别的任务，包括容器间的协调、集群健康监控和跨主机的资源分配。

3. 容器编排的优势

容器编排带来了以下多项优势。

1）高可用性：容器编排工具，如 Kubernetes 或 Docker Swarm，可以确保应用程序的高可用性。这是通过在集群的多个节点上运行相同应用的副本来实现的。如果某个节点失败，编排工具可以自动重新部署容器到其他健康节点，从而实现容错和持续可用。

2）自动扩展：在流量增加时，容器编排能够自动增加容器实例的数量，以应对高负载。同样，当流量减少时，它也可以减少实例数，优化资源使用。这种自动伸缩性能根据实时需求动态调整资源分配，极大地提高了资源利用率。

3）负载均衡：容器编排工具提供负载均衡的功能，可以自动将网络流量均匀地分配到各个容器实例。这不仅提高了应用的响应速度，还避免了单个容器过载而影响整体服务的稳定性。

4）简化部署：容器编排极大地简化了应用程序的部署和管理过程。使用声明性配置文件，开发者和运维人员可以轻松定义和管理复杂的应用服务。这种自动化和标准化的部署方式减少了人为错误，提高了部署的效率和可靠性。

5）服务发现和配置管理：容器编排工具通常提供服务发现和配置管理的功能。服务发现允许容器相互自动发现并通信，而无须硬编码容器位置信息。配置管理则使得应用配置可以集中管理和自动应用到容器中，使环境配置更加灵活和可维护。

6）日志和监控：容器编排系统通常集成了日志记录和监控功能，使得对整个应用的运行状况进行跟踪和监控变得更加容易。这对于快速诊断问题和优化应用性能至关重要。

4. 容器编排的核心概念

容器编排工具引入了一些核心概念，以帮助管理和协调容器化应用程序的各个组件。

1）Pod：在 Kubernetes 中，Pod 是最基本的部署单元，通常包含一个或多个紧密耦合的容器。这些容器在同一个 Pod 中共享网络和存储资源，使得它们可以高效地协同工作。Pod 是短暂的，由 Kubernetes 自动管理，用于承载应用程序的实例。

2）Service：Service 是定义如何访问一组特定 Pod 的方式。它为 Pod 提供了一个稳定的接口，即使 Pod 自身可能会因为各种原因被销毁和重新创建。Service 使得应用程序的其他组件可以持续且可靠地访问这些 Pod，实现了服务的发现和路由功能。

3）ReplicaSet：ReplicaSet 的作用是确保集群中始终运行指定数量的 Pod 副本。这对于保持应用的高可用性和负载均衡至关重要。如果一个 Pod 失败，ReplicaSet 会自动替换它，确保 Pod 数量始终符合预期。

4）Deployment：Deployment 是 Kubernetes 中用于描述应用部署状态的对象。它不仅定义了应用应该如何运行（比如副本数和启动命令），还规定了应用更新时的行为（如滚动更新）。Deployment 抽象了底层的 Pod 和 ReplicaSet，提供了更高层次的声明性管理。

这些核心概念是理解和使用容器编排工具的基础，将在后续章节中更详细地介绍和操作。

2.6.2　Docker 容器编排操作

1. 使用 Docker Compose

Docker Compose 是一个设计用来简化和自动化多容器 Docker 应用程序管理的工具。它通过易于编写和阅读的 YAML 文件，允许用户详细定义整个应用程序的各个组件。这个文件称为 docker-compose.yml，它描述了应用中包含的服务（即容器）、它们如何相互连接以及所需的任何数据存储配置。这种方式的好处在于，它使得部署过程更加标准化、简单化，且容易重复，特别是在开发和测试环境中。

（1）定义 Compose 文件

项目目录：创建一个专用的目录来存放 Docker Compose 项目。这个目录将包含所有相关的文件，包括我们的 docker-compose.yml 和任何相关的 Dockerfile 文件。

编写 docker-compose.yml：在这个 YAML 文件中，我们将定义应用的所有服务。每个服务可以是一个独立的容器，配置项包括容器使用的镜像、端口映射、环境变量、依赖关系和其他设置。

服务配置：在服务定义中，我们可以指定要使用的 Docker 镜像、容器间的网络设置、暴露的端口、挂载的卷以及环境变量等。这确保了每个服务都按照预定的方式运行。

（2）启动和管理应用程序

启动应用：通过在项目目录中运行 docker-compose up 命令，Docker Compose 会根据 docker-compose.yml 文件中的定义来启动和运行应用程序的所有服务。

停止应用：使用 docker-compose down 命令可以停止并移除所有由 Compose 启动的服务容器，同时可以选择性地移除网络和卷。

（3）网络和存储卷

网络配置：Docker Compose 允许我们定义服务间的网络，以确保容器可以相互通信。我们可以设置私有网络或使用默认网络，确保服务之间的连接安全和高效。

存储卷管理：通过在 Compose 文件中定义存储卷，我们可以实现数据的持久化和共享。这对于数据库和需要保留数据状态的应用尤为重要。

2. 使用 Docker Swarm

Docker Swarm 是 Docker 原生的容器编排工具，它允许我们创建和管理容器集群。它提供了一种简单的方法来扩展容器应用程序。

（1）初始化 Swarm 集群

使用 docker swarm init 命令初始化 Swarm 集群。

将其他节点加入 Swarm 集群以扩展容器应用。

（2）创建服务

使用 docker service create 命令创建服务。

配置服务的副本数、网络模式等参数。

（3）更新和扩展服务

使用 docker service update 命令更新服务配置，例如镜像版本。

使用 docker service scale 命令扩展服务的副本数。

2.6.3　Docker 容器编排示例

1. 一个基本的 Web 应用

创建一个简单的 Web 应用，包括 Web 服务器和数据库容器。

使用 Docker Compose 来定义和管理这个应用。

当创建一个基本的 Web 应用时，可以使用 Docker Compose 来定义和管理这个应用。以下是一个简单的示例，涵盖了一个 Web 服务器（使用 Nginx）和一个数据库容器（使用 MySQL）的情况。

1）创建一个目录来存放项目文件，例如“webapp”。

2）在“webapp”目录中创建一个名为 docker-compose.yml 的文件，这是 Docker Compose 配置文件。

3）在 docker-compose.yml 文件中定义 Web 应用程序的服务。以下是一个示例配置：

```
version: '3'
services:
  webserver:
    image: nginx: latest
    ports:
      - "80: 80"
    volumes:
      - ./web: /usr/share/nginx/html
    depends_on:
      - database
```

```
database:
  image: mysql: latest
environment:
  MYSQL_ROOT_PASSWORD: password
  MYSQL_DATABASE: mydb
```

上述配置文件定义了两个服务：webserver 和 database。其中：webserver 使用 nginx 镜像作为 Web 服务器，将容器的 80 端口映射到主机的 80 端口，然后将本地的 ./web 目录挂载到容器内的 /usr/share/nginx/html 目录，以提供 Web 内容。它还依赖于 database 服务，确保数据库容器已启动。

database 使用 MySQL 镜像，并设置了数据库的根密码和数据库名称。

4）在 webapp 目录中创建一个名为 web 的文件夹，用于存放 Web 应用程序文件。

5）将 Web 应用程序文件放入 web 文件夹中。

6）打开终端，进入 webapp 目录，然后运行以下命令启动应用程序：

```
docker-compose up
```

Docker Compose 将根据配置文件启动两个容器：Nginx Web 服务器和 MySQL 数据库。Web 应用程序文件将位于 ./web 目录中，并通过 nginx 提供服务。

7）在浏览器中访问 http://localhost，将看到 Web 应用程序运行在 Docker 容器中。

这是一个基本的 Web 应用程序的示例，演示了如何使用 Docker Compose 来定义和管理多个容器服务。可以根据需求和应用程序的复杂性进行进一步的配置和优化。

2. 多容器微服务应用

构建一个微服务应用，包括多个不同的容器服务，例如用户服务、订单服务等。使用 Docker Swarm 来创建和扩展这些微服务。

构建一个多容器微服务应用并使用 Docker Swarm 来创建和扩展这些微服务是一种常见的容器编排场景。以下是一个示例，展示如何创建一个包括用户服务和订单服务的微服务应用，并使用 Docker Swarm 来管理这些服务。

（1）初始化 Docker Swarm

首先，需要初始化一个 Docker Swarm 集群。在终端中运行以下命令来初始化 Swarm：

```
docker swarm init
```

这将初始化一个 Swarm 管理节点。

(2) 创建用户服务和订单服务的 Docker Compose 文件

在项目目录中，创建一个名为 docker-compose.yml 的 Docker Compose 配置文件，用于定义用户服务和订单服务。以下是一个示例：

```
version: '3'
services:
  userservice:
    image: my-userservice-image: latest
    deploy:
      replicas: 3
    ports:
      -"8080: 8080"
    networks:
      -myapp-net
orderservice:
  image: my-orderservice-image: latest
  deploy:
    replicas: 3
  ports:
    -"8081: 8081"
  networks:
    -myapp-net
networks:
  myapp-net:
```

上述配置文件定义了两个服务：userservice 和 orderservice。每个服务都具有多个副本（replica），可以通过 deploy 部分进行扩展。服务还配置了端口映射，以便外部可以访问它们，并使用了一个自定义的网络 myapp-net，以便服务可以相互通信。

(3) 部署微服务应用

使用以下命令来部署微服务应用：

```
docker stack deploy -c docker-compose.yml myapp
```

这将创建一个名为 myapp 的服务堆栈，并根据配置文件中的定义来创建和运行用户服务和订单服务的多个副本。

(4) 扩展微服务

如果希望增加微服务的副本数量，可以使用以下命令：

```
docker service scale myapp_userservice=5
```

这将增加 userservice 服务的副本数量为 5 个。

通过以上步骤，可以创建一个多容器微服务应用，并使用 Docker Swarm 来轻松地创建、扩展和管理这些微服务。这能够构建可伸缩和高可用的应用程序。根据实际需求，可以进一步添加更多的微服务和配置。

3. 持续集成 / 持续部署（CI/CD）

配置一个 CI/CD 流水线，自动构建、测试和部署 Docker 容器应用。

使用工具如 Jenkins 或 GitLab CI 来实现 CI/CD。

配置一个 CI/CD 流水线，以自动构建、测试和部署 Docker 容器应用是一个关键的开发实践。下面是一个示例，演示如何使用 Jenkins 来实现 CI/CD 流水线，将应用程序部署到 Docker 容器中。

以下是前提条件。

1）需要在 Jenkins 服务器上安装 Docker。

2）需要在项目中包含一个名为 Dockerfile 的文件，用于定义 Docker 容器的构建。

3）需要一个版本控制系统，如 Git，来存储应用程序代码。

以下是一个示例 CI/CD 流水线的配置。

（1）配置 Jenkins

安装 Jenkins 并确保它正在运行。

安装必要的插件，如 Docker 插件、Pipeline 插件等。

（2）创建 Jenkins Pipeline

在 Jenkins 中创建一个 Pipeline 项目，并将其配置为从版本控制系统（例如 Git）获取代码：

```
pipeline {
  agent any
  stages {
    stage('Build'){
      steps {
        sh 'docker build -t myapp .'
      }
    }
    stage('Test'){
      steps {
        // 添加测试步骤，例如运行单元测试
      }
    }
    stage('Deploy'){
      steps {
        sh 'docker stop myapp-container || true'
        sh 'docker rm myapp-container || true'
        sh 'docker run -d --name myapp-container -p 8080: 80 myapp'
      }
    }
  }
}
```

在上述 Pipeline 中，我们定义了以下三个阶段。

- Build：使用 Docker 构建容器镜像。
- Test：在需要的情况下添加测试步骤。
- Deploy：停止并删除旧的容器实例，然后启动新的容器实例。

（3）配置 Docker 注册表

如果 Docker 容器镜像需要存储在 Docker 镜像仓库中，需要配置 Jenkins 以推送镜像到仓库。需要在 Jenkins 中设置 Docker 凭据，以便推送镜像。

（4）触发 CI/CD 流水线

可以手动触发 CI/CD 流水线，也可以将其配置为在代码提交到版本控制系统时自动触发。

通过上述配置，当提交代码时，Jenkins 将自动触发 CI/CD 流水线。它将构建、测试和部署 Docker 容器应用程序。可以根据项目的要求自定义和扩展流水线，例如添加更多的测试、自动化部署到不同的环境等。

这个示例是一个基本的 CI/CD 流水线，可根据实际需求进行定制。

本章小结

在本章中，我们全面探索了 Docker 的关键概念——镜像和容器，以及它们在 Docker 生态系统中的交互和管理。我们还了解了 Docker 仓库的作用和基本操作，以及容器编排的基本原理和实践。这些内容构成了使用 Docker 进行高效容器管理和部署的基础。

我们首先探讨了 Docker 镜像的概念，它们是包含应用程序及其依赖的轻量级、可执行的软件包。通过实例学习，我们了解了如何从 Docker Hub 等仓库拉取镜像，如何构建自定义镜像，并掌握了通过编写 Dockerfile 来精确定义镜像内容的方法。接着，我们转向 Docker 容器——镜像的运行实例。我们学习了如何从镜像创建容器，管理容器的生命周期，以及如何在容器内部和外部之间进行交互。Docker 仓库的部分介绍了如何存储和分发镜像。我们了解了 Docker Hub 和其他私有仓库的概念，学习了如何推送镜像到仓库以及从仓库拉取镜像。这部分内容对于理解 Docker 镜像的共享和版本控制至关重要，是在多人协作和生产环境中使用 Docker 的基础。最后，我们介绍了容器编排的基本概念，特别是 Docker Compose 的使用。容器编排是在大规模、复杂应用场景中管理多个容器的有效方法。我们学习了如何使用 Docker Compose 文件来定义多容器应用的服务、网络和卷，这对于构建和管理微服务架构至关重要。

通过本章的学习，我们不仅掌握了 Docker 的核心组件和操作，还理解了在现代软件开发和运维中应用 Docker 的实际意义。从镜像创建和容器运行到仓库管理和容器编排，这些知识为我们提供了一个坚实的基础，以便更深入地探索 Docker 在云计算、微服务和 CI/CD 中的应用。在后续章节中，我们将深入探讨高级容器编排技术 Kubernetes。

章末练习

2-1　Docker 镜像是什么？（　　）

A. 一个运行中的容器

B. 一个可执行的软件包，包含应用程序及其依赖

C. Docker 容器的配置文件

D. 一个用于存储数据的容器

2-2　以下哪个命令用于从 Docker Hub 拉取镜像？（　　）

A. docker create　　B. docker pull

C. docker run　　D. docker build

2-3　在 Docker 中，哪个指令用于设置镜像的工作目录？（　　）

A. SETDIR　　B. WORKDIR

C. RUNDIR　　D. MAKEDIR

2-4　Dockerfile 中的 EXPOSE 指令是用来做什么的？（　　）

A. 改变容器的运行用户

B. 指定容器运行时的环境变量

C. 暴露容器的网络端口

D. 安装额外的软件包

2-5　哪个 Docker 指令用于查看本地所有可用的镜像？（　　）

A. docker inspect　　B. docker ps

C. docker images　　D. docker containers

2-6　在 Dockerfile 中，______________指令用于基于已有的镜像创建一个新镜像层。

2-7　使用命令 docker______________可以启动一个 Docker 容器。

2-8　Docker 镜像可以被推送到称为______________的地方进行存储和共享。

2-9　使用 docker ______________命令可以停止一个运行中的 Docker 容器。

2-10　在 Dockerfile 中，______________指令用于指定容器启动时默认执行的命令。

2-11　描述 Docker 镜像和容器之间的关系。

2-12　解释什么是 Docker 仓库以及它的作用。

2-13　在 Docker 中，什么是容器编排？它为什么重要？

2-14　Dockerfile 中的 RUN 和 CMD 指令有何不同？

2-15　如何使用 Dockerfile 从基础镜像构建一个自定义的 Docker 镜像？

2-16　编写一个 Dockerfile 为一个简单的 Node.js 应用创建镜像。

2-17　使用 Docker 命令行将创建的 Node.js 应用镜像推送到 Docker Hub。

2-18　创建一个 Docker Compose 文件来定义包含 Web 应用和数据库的多容器应用。

2-19　使用 Docker 命令行查找并拉取 nginx 镜像的最新版本。

2-20　列出并解释本地 Docker 环境中的所有运行中容器的详细信息。

第 3 章　Kubernetes 核心概念与原理

3.1　Kubernetes 介绍

3.1.1　诞生与发展

Kubernetes 是一个用于管理容器化工作负载和服务的开源平台，具有高度的可移植性和可扩展性，源于已在 Google 公司内部长期实践中久经考验的优秀大规模集群管理系统 Borg。Kubernetes 项目于 2014 年由 Google 开源，并在之后的几年里，迅速流行起来。

提到容器化，就不得不说起比 Kubernetes 早一年推出的 Docker，在前面的章节中我们已经介绍过这一技术的一些基础知识和使用方法。自软件概念出现后的很长一段时间内，相关软件技术人员大都是在一定的系统环境中直接部署和控制应用程序，正是 Docker 让容器化的思想在业界广泛传播并深入人心。但 Docker 只是将应用程序容器化，其自身并不关心容器化应用在多个节点（主机）的编排情况。2014 年 Docker 公司也推出了自己的容器编排工具—— Docker Swarm，但在后面与 Kubernetes 的竞争中逐渐黯淡。2020 年，Kubernetes 项目在 GitHub 上已成为贡献者仅次于 Linux 项目的第二大开源项目。如今，Kubernetes 无疑已经成为容器编排领域的事实标准。

由于单词中的字母‘K’和‘s’之间相隔 8 个字母，Kubernetes 又常被简称为 K8s。Kubernetes 是希腊语，意为领航员、舵手。Kubernetes 的 logo 主体就是一个船舵，如图 3-1 所示，强调了该技术的突出特点——控制与管理。

图 3-1　Kubernetes 图标

3.1.2　kubeadm、kubectl 工具和 kubelet 组件

相比于繁杂的二进制安装方式，在一般应用场景下我们选择采用便捷的 kubeadm 方式安装 Kubernetes 集群即可。采用这种方式部署，我们首先需在所有主机上安装 kubeadm、kubectl 工具和 kubelet 组件“三件套”，下面对它们进行依次介绍：

1）kubeadm 工具是使用该方法进行 Kubernetes 集群部署的主干，它包含了用来初始化控制节点和在集群中加入工作节点的指令，即以 kubeadm init 和 kubeadm join 开头的命令。

2）kubectl 工具是 Kubernetes 中极其重要的命令行工具，用来部署应用、监测和管理集群资源和查看日志等。

3）kubelet 组件负责管理在 Kubernetes 集群中创建的容器，维护它们的生命周期，通过控制 Docker 来创建、更新和销毁容器。

3.1.3　master（控制节点 / 主节点）和 node（工作节点）

由于软件概念里的长期习惯并且为了描述的方便，若无特别说明，本书中若单独提到 Kubernetes 中“节点”这一中文词汇，则是控制节点和工作节点的统称。但按照官方文档的说法，“node”一词在 Kubernetes 中一般用来特指工作节点，主要负责在 Pod 中运行容器（工作负载），所以我们也常习惯将 node 更详细地称作 worker node；而 master 作为集群中的控制平面，主要负责管理整个 Kubernetes 集群，分配任务到各个工作节点。一个 Kubernetes 集群由一个控制节点和一个或多个（一般是多个）工作节点组成。

在控制节点命令行中输入 kubectl get node 命令，可以得到目前该集群内所有节点的基本信息（包括名称、状态、角色、加入集群时间、Kubernetes 版本）：

```
[root@k8s-master user]# kubectl get node   //或 kubectl get nodes
NAME         STATUS   ROLES                  AGE    VERSION
k8s-master   Ready    control-plane,master   142d   v1.23.6
k8s-node1    Ready    <none>                 142d   v1.23.6
k8s-node2    Ready    <none>                 127d   v1.23.6
k8s-node3    Ready    <none>                 127d   v1.23.6
```

在控制节点命令行中输入 kubectl describe node（后可跟控制节点或工作节点名）命令，可以得到每个节点的详细信息或指定节点的详细信息。

3.1.4　Kubernetes 集群中的重要组件

对于控制节点和工作节点两者来说，它们的主要功能不同，各自也有不同的组件。

控制节点组件（控制平面组件，Control Plane Components）如下。

1）kube-apiserver：是访问和管理资源对象的唯一入口，负责公开 Kubernetes API、处理请求，提供认证、授权、API 注册和发现等机制。

2）etcd：负责存储集群中各种资源对象的信息，采用一致且高度可用的键值存储。

3）kube-scheduler：负责监视新创建的、未指定工作节点的 Pod，并按照调度策略选择工作节点让 Pod 在上面运行。调度策略考虑的因素包括单个 Pod 及 Pod 集合的资源需求、软硬件及策略约束、亲和性及反亲和性规范、数据位置、工作负载间的干扰及最后时限。

4）kube-controller-manager：负责运行控制器进程，维护集群的状态。控制器通过 API 服务器监控集群的公共状态，并致力于将当前状态转变为期望的状态。从逻辑上讲，每个控制器都是单独的进程，但是为了降低复杂度，它们都被编译到同一个可执行文件，并在同一个进程中运行。该组件负责管理的控制器包括节点控制器（Node Controller）、任务控制器（Job Controller）、端点分片控制器（Endpoint Slice Controller）、服务账号控制器（Service Account Controller）。

5）cloud-controller-manager：云控制器管理器，仅运行特定于云平台的控制器，允许用户将集群连接到云提供商的 API 之上，并将与该云平台交互的组件同与集群交互的组件分离开来。与 kube-controller-manager 类似，cloud-controller-manager 将若干逻辑上独立的控制器组合到同一个可执行文件中，让它们以同一进程的方式运行。用户可以对其进行水平扩容（运行不止一个副本）以提升性能或者增强容错能力。相关的控制器包括节点控制器、路由控制器（Route Controller）、服务控制器（Service Controller）。

工作节点组件如下。

1）kubelet：负责管理在 Kubernetes 集群中创建的容器，维护它们的生命周期。kubelet 基于 PodSpec 来进行工作，每个 PodSpec 是一个描述 Pod 的 YAML 或 JSON 对象。kubelet 接受通过各种机制（主要是通过 apiserver）提供的一组 PodSpec，并确保这些 PodSpec 中描述的容器处于运行状态且运行状况良好。

2）kube-proxy：kube-proxy 是在集群中每个工作节点上运行的网络代理，维护节点上的一些网络规则，这些网络规则会允许从集群内部或外部的网络会话与 Pod 进行网络通信。如果操作系统提供了可用的数据包过滤层，那么 kube-proxy 会通过它来实现网络规则；否则，kube-proxy 仅做流量转发。

3）Container Runtime（容器运行时）：负责运行容器。我们在 3.2.4 小节中会进一步介绍。

3.2 Pod——Kubernetes 集群管理的最小单元

3.2.1 Pod 相关概念

我们的应用程序是运行在容器中的，一个容器里面包装的是一个应用程序，而 Pod 则是一个容器组，一个 Pod 里可以管理一个或多个容器。当一个 Pod 管理多个容器时，所有容器都在同一个节点上运行，而不会跨越多个节点。

为什么 Kubernetes 不直接管理容器，而是选择让 Pod 作为其创建和管理的最小可部署计算单元呢？因为在实践中，我们常常会同时运行一组相关性很大的进程，而一个容器被设计为只能包装一个进程（和其产生的子进程）。所以，如果没有 Pod 的话，即使这些进程相关度极大、依赖的运行环境相同，却依然都将各自包装在相互独立的容器中运行，而没有其他机制加强它们的联系以方便管理。Pod 可以高效地为一组相关性强的进程提供相似的环境，在方便统一管理密切相关的进程的同时，又恰到好处地保持了容器之间的隔离性，使得各进程的运行、管理及其日志记录等生命周期内的活动井然有序。

3.2.2 生命周期及状态

Pod 也被认为是相对临时性存在的实体，这一点与其所管理的容器相似。Pod 会被赋予一个唯一的 ID（UID），并被调度到某个节点上。Pod 自身没有自愈能力，如果 Pod 被调度到某节点后，该节点却因为各种原因而失效，或 Pod 因节点资源耗尽、节点维护等原因被驱逐，那么当问题超过指定时限未解决的话，节点上的 Pod 就会因为无法存活而被删除。Pod 的脆弱性，也是我们下一节会介绍的 Pod 控制器出现的重要原因之一。

Pod 的状态（status）是一个 PodStatus 对象，其中包含一个阶段（phase）字段，作为 Pod 在其生命周期中所处情况的简单概述。Pod 共有五个阶段，官方也给出了各个阶段的描述。

1）Pending（挂起）：Pod 已被 Kubernetes 系统接受，但仍有一个或多个容器尚未创建亦未运行。此阶段包括等待 Pod 被调度的时间和通过网络下载镜像的时间。

2）Running（运行）：Pod 已经绑定到了某个节点，Pod 中所有的容器都已被创建。至少有一个容器仍在运行，或者正处于启动或重启状态。

3）Succeed（成功）：Pod 中的所有容器都已成功终止，并且不会再重启。

4）Failed（失败）：Pod 中的所有容器都已终止，并且至少有一个容器是因为失败而终止。也就是说，容器以非 0 状态退出或者被系统终止。

5）Unknown（未知）：因为某些原因无法取得 Pod 的状态。这种情况通常是因为与 Pod 所在节点通信失败。

对于 Pod 中的容器来说，则有以下三种状态。

1）Waiting（等待）：处于 Waiting 状态的容器正在执行启动所需的操作，如从某个容器镜像仓库拉取容器镜像、应用 Secret 数据等。

2）Running（运行）：处于 Running 状态的容器正在正常运行中。

3）Terminated（终止）：有两种可能使容器处于 Terminated 状态，一是已经运行完毕并正常结束，二是因为某些原因失败。

我们可以使用 kubectl 命令查询 Pod 的详细情况：查询包含 Waiting 状态容器的 Pod 的详情时，会显示 Reason 字段，其中给出了相关容器处于等待状态的原因；查询包含 Terminated 状态容器的 Pod 的详情时，会显示相关容器进入此状态的原因、退出代码以及容器执行期间的起止时间；查询包含 Running 状态容器的 Pod 的详情时，也会显示关于容器处于 Running 状态的一些信息。

3.2.3 配置

一个简单 Pod 的 YAML 配置文件的核心配置示例如下：

```
apiVersion: v1            # 使用的 Kubernetes API 版本
kind: Pod                 # Kubernetes 资源的类型
metadata:                 # 元数据
  name: test              # Pod 命名
  namespace: default      # 设置 Pod 所属命名空间，默认即为 default
spec:                     # 详述 / 内容
  containers:
  - image: nginx: latest  # 创建容器所用的镜像
    name: pod             # 容器命名
    ports:                # 端口
    - name: nginx-port    # 端口命名
      containerPort: 80   # 应用监听的端口号
      protocol: TCP       # 协议
```

使用该文件创建 Pod：

```
[root@k8s-master user]# kubectl create -f Pod-test.yaml
Pod/test created  // 系统提示创建成功
```

然后可以查询到刚创建的 Pod：

```
[root@k8s-master user]# kubectl get pod  // 若要查询的 Pod 不在 default 命名空间，则需
    在后面跟 "-n 命名空间名 "
NAME   READY   STATUS              RESTARTS   AGE
test   0/1     ContainerCreating   0          11s  // 镜像下载、创建容器中，
    状态为 ContainerCreating
[root@k8s-master user]# kubectl get pod  // 等待片刻后再查询
```

```
NAME     READY   STATUS    RESTARTS   AGE
test     1/1     Running   0          32s  // Pod 中容器已创建完毕，Pod 已处于正常运行状态
```

这里特别介绍一下，在 kubectl 中，有两种使用配置文件配置 Kubernetes 资源的命令，一种是 kubectl create -f（文件位置）文件全名，另一种是 kubectl apply -f（文件位置）文件全名。二者的主要区别如下。

1）create 命令一般用来创建新资源，配置文件必须包含创建目标资源所必需的完整配置，如果连续运行相同的 create 命令，则会报错，因为资源的名称在同一命名空间中应是唯一的。

2）apply 命令一般用来更新资源配置，更新资源时，配置文件可以不完整，只编写需要修改的字段，若配置无变化，命令仍能执行成功，只不过不做资源改动。如果配置文件中的资源不存在，也能使用 apply 命令创建这一新资源，当然，在这种情况下，就需要提供完整的配置文件。

3.2.4 容器运行时

要保证 Pod 的正常运行，我们需要在所有节点上安装容器运行时。在 Kubernetes 上使用的容器运行时，需符合 CRI（Container Runtime Interface，容器运行时接口）要求。而常用的 Docker Engine 作为容器运行时的使用早于 CRI，与 CRI 并不兼容。对于本书讲解所基于的 Kubernetes 1.23.6 版本，Kubernetes 自带 Dockershim 组件，集成于 kubelet 中。该组件实现了 Docker Engine（Docker 的容器运行时）与 CRI 的结合，对于用户可以很方便地使用 Docker Engine。

然而对于 Kubernetes 1.24 及以上的版本，Dockershim 被移除。首先 shim（垫片）从其定义来说大抵就不被打算当作一个长久之计，这一组件的存在给 kubelet 带来了一些不必要的复杂性，随着 Docker 和 Kubernetes 的版本更迭，也增加了维护人员的负担。不过这一移除行为完全不等同于 Kubernetes 与 Docker 从此形同陌路，毕竟 Docker 作为目前全球最受欢迎的应用容器引擎，已被大家在软件行业中广泛而熟练地运用。在 Kubernetes 1.24 和目前最新的 1.25 版本中，可以直接安装使用官方推荐的 Containerd 容器运行时或红帽公司的轻量级容器运行时 CRI-O，而如果想继续使用 Docker Engine，只需额外安装 cri-docker 即可。实际上，Docker Engine 的更底层正是 Containerd，Containerd 是从 Docker 项目中分离出来的。

3.2.5 Namespace（命名空间）：资源的有效隔离

在上文中我们着重梳理了容器和 Pod 两个概念，也在 Pod 配置中提到了命名空

间，它们其实都涉及资源的隔离，合理的资源隔离会给我们的工作带来极大的便利。

命名空间是 Kubernetes 体系中极其重要的一个资源。在默认情况下，Kubernetes 集群中的 Pod 是可以相互访问的，但在实际应用中，我们有时会对这种过高的公开性不太满意，希望对 Pod 之间的通信能够有所限制。在同一个节点中，设置多个命名空间，可以将具有众多组件的复杂系统合理拆分成不同的组，方便管理操作，还可以用于在多租户环境中分离资源。不同的命名空间可以包含同名的资源。

在控制节点中使用 kubectl get ns 命令可以查看集群中目前有哪些命名空间以及这些命名空间的状态和已存在的时间。Kubernetes 默认会自动创建以下几个命名空间：

```
[root@k8s-master user] # kubectl get ns   //或 kubectl get namespace 和 kubectl
    get namespaces
NAME                 STATUS   AGE
default              Active   142d
kube-node-lease      Active   142d
kube-public          Active   142d
kube-system          Active   142d
```

创建命名空间有两种方式，一般使用命令直接创建即可：

```
[root@k8s-master user]# kubectl create ns myns
namespace/myns created
```

也可通过配置文件方式创建，如编写一个简单的 yaml 文件 ns-myns 如下：

```
apiVersion: v1
kind: Namespace
metadata:
  name: myns
```

使用该文件创建命名空间：

```
[root@k8s-master user]# kubectl create -f ns-myns.yaml
namespace/myns created
```

如果要在非默认命名空间的其他命名空间查找或操作资源，则需在命令中加上 -n 命名空间名。如要查询我们刚创建的 myns 命名空间里的所有 Pod 的基本情况，则可输入命令：kubectl get pod -n myns。

3.3 Pod 控制器——用于管理 Pod 的中间层

3.3.1 Pod 控制器相关概念

在 Kubernetes 中，按照创建方式的不同，Pod 可分为两类：自主式 Pod 和由控制器管理的 Pod。

自主式Pod是指直接用YAML配置文件（如3.2.3节所示）创建没有控制器管理的Pod，删除后不会自动重建；而对于通过控制器管理的Pod，有如下基本功能：控制器会按照设定的策略控制Pod的数量，如果发现Pod数量比设定的少，就会自动重建Pod；如果Pod多了，也会将多余的Pod删除。

Pod控制器是Kubernetes中管理Pod的中间层，应用Pod控制器之后，只需要告诉Pod控制器想要多少个什么样的Pod就可以了，它会创建出满足条件的Pod并尽力确保每一个Pod资源处于用户期望的目标状态。如果Pod在运行中出现故障，控制器会基于指定策略重新编排Pod。

在Kubernetes中有很多种不同的Pod控制器，适用于不同的场景。下面对几类重要的Pod控制器作讲解和示例。

3.3.2 ReplicaSet

ReplicaSet（RS）会保证Pod副本数量一直维持在期望值，并支持Pod数量扩缩容、镜像版本升级。

ReplicaSet的配置文件示例如下：

```
apiVersion: apps/v1         # 注意，不同的Pod控制器所属的API不一定相同
kind: ReplicaSet
metadata:
  name: rstest
spec:
  replicas: 3               # 副本数量，默认为1
  selector:                 # 选择器，通过它指定该控制器管理哪些Pod
    matchLabels:            # 与设置有该标签的Pod匹配
      app: nginx
  template:                 # 模板，当副本数量不足时，会根据下面的模板创建Pod副本
    metadata:
      labels:
        app: nginx
    spec:
      containers:
      -name: nginx
       image: nginx: 1.23.0
       ports:
        -containerPort: 80
```

3.3.3 Deployment

作为一种用于Pod状态管理与更新控制的资源，相比于ReplicaSet，Deployment是一类更高级的资源，它能通过管理ReplicaSet来控制Pod，并支持滚动升级、版本回退。在绝大多数情况下，我们建议使用Deployment而非直接使用ReplicaSet，除

非需要自定义编制更新业务流程或根本不需要更新。

Deployment 的配置文件示例如下：

```
apiVersion: apps/v1
kind: Deployment
metadata:
  name: deploymenttest
  labels:
    controller: deploy
spec:
  replicas: 3
  revisionHistoryLimit: 3          # 保留历史版本
  paused: false                    # 暂停部署，默认是 false
  progressDeadlineSeconds: 600     # 部署超时时间 (s)，默认即为 600
  strategy:                        # 更新策略，后文详细介绍
    type: RollingUpdate
    rollingUpdate:
      maxUnavailable: 25%
      maxSurge: 25%
  selector:
    matchLabels:
      app: nginx-pod
  template:
    metadata:
  labels:
    app: nginx-pod
spec:
  containers:
  - name: nginx
    image: nginx: 1.23.0
    ports:
    - containerPort: 80
```

我们在 Kubernetes 集群上部署一个简单的 Deployment 配置文件 deploymenttest.yaml 如下：

```
apiVersion: apps/v1
kind: Deployment
metadata:
  name: deploymenttest
  namespace: myns
spec:
  replicas: 3
  selector:
    matchLabels:
      app: nginx-pod
  template:
    metadata:
      labels:
```

```
      app: nginx-pod
  spec:
    containers:
    - name: nginx
      image: nginx: 1.23.0
```

上述的配置文件简单部署了nginx应用，生成三个副本，在配置文件生效、Deployment资源正常运行后，我们也可以根据需要通过命令修改一些配置，如扩缩容、版本回退等。

扩缩容演示如下：

```
// 应用配置文件
[root@k8s-master user] # kubectl apply -f deploymenttest.yaml
deployment.apps/deploymenttest created
[root@k8s-master user] # kubectl get deploy -n myns  // 查看 deployment
NAME             READY   UP-TO-DATE   AVAILABLE   AGE
deploymenttest   3/3     3            3           92s
// 扩容
[root@k8s-master user] # kubectl scale deploy deploymenttest--replicas=5 -n myns
  // 将 Pod 数量扩充到 5
deployment.apps/deploymenttest scaled
[root@k8s-master user] # kubectl get deploy -n myns
NAME             READY   UP-TO-DATE   AVAILABLE   AGE
deploymenttest   5/5     5            5           2m58s
[root@k8s-master user] # kubectl get pod -n myns  // 查看 Pod
NAME                             READY   STATUS    RESTARTS   AGE
deploymenttest-9d846db56-7r4zp   1/1     Running   0          26s
deploymenttest-9d846db56-842zg   1/1     Running   0          3m8s
deploymenttest-9d846db56-8dtfk   1/1     Running   0          3m8s
deploymenttest-9d846db56-mkjwv   1/1     Running   0          3m8s
deploymenttest-9d846db56-p878p   1/1     Running   0          26s
// 缩容
[root@k8s-master user] # kubectl scale deploy deploymenttest--replicas=3 -n myns
   // 将 Pod 数量缩减到 3
deployment.apps/deploymenttest scaled
[root@k8s-master user] # kubectl get pod -n myns
NAME                             READY   STATUS    RESTARTS   AGE
deploymenttest-9d846db56-8dtfk   1/1     Running   0          7m52s
deploymenttest-9d846db56-mkjwv   1/1     Running   0          7m52s
deploymenttest-9d846db56-p878p   1/1     Running   0          5m10s
```

在实际应用场景下，大多数应用程序会被开发人员更新，其新版本的镜像会被推送至镜像仓库。由于Pod在被创建后，不允许直接修改镜像，所以我们如果要想将已在Kubernetes集群上部署好的旧版本应用程序进行更新，就要考虑怎样删除旧Pod，创建新Pod。

Deployment支持两种更新策略，其默认策略是滚动更新（RollingUpdate），滚动更新策略会渐进地删除旧的Pod，同时创建新的Pod，这种更新方式使得应用程序在更新过程中始终保持可用状态，并且确保了应用程序处理请求的能力不会下降。在升级过程中，Pod 的数量可以从期望副本数的基础上在一定区间内浮动，其上限和下限是可配置的，如下方 Deployment 配置文件片段所示。值得特别强调的是，显然只有当所配置的应用程序能够支持新版本和旧版本同时提供服务时，滚动更新策略才被推荐使用。

```
strategy:
  type: RollingUpdate          # 或下面提到的 Recreate
  rollingUpdate:               # 当更新策略为 RollingUpdate 时的详细配置
    maxUnavailable:            # 用来指定在升级过程中不可用 Pod 的最大数量，默认为 25%
    maxSurge:                  # 用来指定在升级过程中可以超过期望的 Pod 的最大数量，默认为 25%
```

另一种更新策略是重建更新（Recreate），在更新 Pod 时，重建更新策略则会将所有旧的 Pod 删除完之后才开始创建新的 Pod，即旧版本在应用程序更新前会直接停用。在这种策略下，应用程序从开始更新到顺利运行前，一定会处于不可用状态。

Deployment 支持版本回退操作，并可以在版本更新过程中执行暂停、继续等操作。默认情况下，Deployment 的所有上线记录都会保留在系统中，以便在需要时回滚。每当 Deployment 被触发上线时，系统就会创建该 Deployment 的新版本记录。由这个机制我们也可以得出，仅当 Deployment 的 Pod 模板（spec.template 部分）发生更改后，系统才会记录相应的新版本。而诸如 Deployment 的扩缩容等操作的更新则不会使系统记录。当我们进行版本回退后，只有 Deployment 的 Pod 模板部分会被回滚，而不会改变现有的扩缩容策略。

我们可以输入下列命令来检查 Deployment 的上线历史：

```
[root@k8s-master user]# kubectl rollout history deployment/deploymenttest
```

输出结果类似于：

```
deployments"deploymenttest"
REVISION CHANGE-CAUSE
1     kubectl apply --filename=deploymenttest.yaml
2     kubectl set image deployment/deploymenttest nginx=nginx: 1.16.1
3     kubectl set image deployment/deploymenttest nginx=nginx: 1.23.0
```

CHANGE-CAUSE 部分的内容是从 Deployment 的 kubernetes.io/change-cause 注解复制过来的，复制发生在修订版本创建时。我们也可以通过以下两种方式手动设置版本的 CHANGE-CAUSE 信息。

1）使用形如 kubectl annotate deployment/nginx-deployment kubernetes.io/change-cause="image updated to 1.23.0" 的命令为 Deployment 添加注解。

2）手动编辑清单。

如果要查看某个版本的详细信息，可以执行下列命令（--revision= 后跟版本序号）：

```
[root@k8s-master user]# kubectl rollout history deployment/deploymenttest--
  revision=1
```

回退到上一版本：

```
[root@k8s-master user]# kubectl rollout undo deployment/deploymenttest
```

回退到指定版本（--to-revision= 后跟版本序号）：

```
[root@k8s-master user]# kubectl rollout undo deployment/deploymenttest--to-
  revision=1
```

回退成功后提示：

```
deployment.apps/deploymenttest rolled back
```

3.3.4 StatefulSet

StatefulSet 适用于部署有状态的多副本应用。一个 StatefulSet 管理一个 Pod 集合的部署和扩容，并为这些 Pod 提供持久化存储和持久标识符。删除或扩缩 StatefulSet 并不会删除它关联的存储卷，这在一定程度上保证了数据的安全。

与 Deployment 类似，StatefulSet 管理基于相同容器规约的一组 Pod。但与 Deployment 不同的是，StatefulSet 为它们的每个 Pod 维护了一个有黏性的 ID。这些 Pod 是基于相同的规约来创建的，但是不能相互替换：无论怎么调度，每个 Pod 都有一个永久不变的 ID。

如果我们希望使用存储卷为工作负载提供持久存储，可以使用 StatefulSet 作为解决方案的一部分。尽管 StatefulSet 中的单个 Pod 仍可能出现故障，但持久的 Pod 标识符使得将现有卷与替换已失败 Pod 的新 Pod 相匹配变得更加容易。

使用 StatefulSet 部署应用，Pod 调度或重调度的整个过程是有持久性的。如果应用程序不需要任何稳定的标识符或有序的部署、删除或扩缩，则应该优先使用无状态的控制器来部署应用程序，如 Deployment。

下面是 StatefulSet 的配置文件示例：

```
apiVersion: v1
kind: Service
metadata:
  name: nginx
  labels:
    app: nginx
spec:
  ports:
  - port: 80
    name: web
  clusterIP: None
```

```
  selector:
    app: nginx
---
apiVersion: apps/v1
kind: StatefulSet
metadata:
  name: web
spec:
  selector:
    matchLabels:
      app: nginx          # 必须匹配 .spec.template.metadata.labels
  serviceName: "nginx"
  replicas: 3             # 默认值是 1
  minReadySeconds: 10     # 默认值是 0
  template:
    metadata:
      labels:
        app: nginx        # 必须匹配 .spec.selector.matchLabels
    spec:
      terminationGracePeriodSeconds: 10
      containers:
      - name: nginx
        image: registry.k8s.io/nginx-slim: 0.8
        ports:
        - containerPort: 80
          name: web
        volumeMounts:
        - name: www
          mountPath: /usr/share/nginx/html
  volumeClaimTemplates:
  - metadata:
     name: www
  spec:
    accessModes: ["ReadWriteOnce"]
    storageClassName: "my-storage-class"
    resources:
      requests:
        storage: 1Gi
```

使用 StatefulSet 需要注意以下几点。

1）给定 Pod 的存储必须由 PersistentVolume Provisioner 基于所请求的 storage class 来制备，或者由管理员预先制备（我们会在 3.6 节介绍相关内容）。

2）考虑到数据安全，删除 StatefulSet 并不会删除它关联的存储卷。

3）StatefulSet 需要无头服务（spec 中的 clusterIP 字段设置为 None 的服务）来负责 Pod 的网络标识。我们在使用 StatefulSet 时需要创建该服务。

4）当删除一个 StatefulSet 时，该 StatefulSet 不提供任何终止 Pod 的保证。为了更好地保证 StatefulSet 中的 Pod 终止，可以在删除之前将 StatefulSet 缩容到 0。

3.3.5 DaemonSet

DaemonSet在集群中的每一个节点或指定节点上各运行一个副本，一般用于守护进程类的任务。若集群中存在DaemonSet，当有新节点加入集群后，DaemonSet也会默认为新节点创建一个相应的Pod，当有节点从集群中移除后，相应的Pod也会被回收。若DaemonSet被删除，那么它创建的所有Pod也会随之被删除。

DaemonSet有一些典型的使用场景，如：在集群中的每个节点上运行集群守护进程 / 日记收集守护进程 / 监控守护进程。

下面的DaemonSet配置文件示例描述了一个运行fluentd-elasticsearch Docker镜像的DaemonSet：

```
apiVersion: apps/v1
kind: DaemonSet
metadata:
  name: fluentd-elasticsearch
  namespace: kube-system
  labels:
    k8s-app: fluentd-logging
  spec:
    selector:
      matchLabels:
        name: fluentd-elasticsearch
    template:
      metadata:
        labels:
          name: fluentd-elasticsearch
      spec:
        tolerations:
        # 这些容忍度设置是为了让该守护进程集在控制平面节点上运行
        # 如果你不希望自己的控制平面节点运行 Pod，可以删除它们
        - key: node-role.kubernetes.io/control-plane
          operator: Exists
          effect: NoSchedule
        - key: node-role.kubernetes.io/master
          operator: Exists
          effect: NoSchedule
        containers:
        - name: fluentd-elasticsearch
          image: quay.io/fluentd_elasticsearch/fluentd: v2.5.2
          resources:
            limits:
              memory: 200Mi
            requests:
              cpu: 100m
              memory: 200Mi
          volumeMounts:
```

```
        - name: varlog
          mountPath: /var/log
      terminationGracePeriodSeconds: 30
      volumes:
      - name: varlog
        hostPath:
          path: /var/log
```

3.3.6　Job 和 CronJob

对于上面我们介绍的控制器所创建的 Pod，我们都期望能持续运行。然而在许多场景下，我们想要让一些 Pod 完成工作后就停止运行。

Job 创建的 Pod 用于执行一次性任务，只要完成任务就立即退出，不再重启或重建。例如，我们创建一个 Job 配置文件如下：

```
apiVersion: batch/v1
kind: Job
metadata:
  name: jobtest
spec:
  template:
    spec:
      containers:
      - name: counter
        image: busybox: 1.30
        command: ["bin/sh","-c","for i in 6 5 4 3 2 1; do echo $i; sleep 3;
          done"]
  backoffLimit: 3
```

Job 在创建后会立即运行 Pod，直到完成任务后才会主动终止。而许多批处理任务需要在特定的时间运行，或按照指定的时间间隔重复运行。在 Linux 和类 UNIX 操作系统中，这些任务被称作 cron 任务，为了控制这种任务的执行，我们使用 CronJob 资源。

与 Deployment、ReplicaSet 二者的关系相似，CronJob 根据模板创建 Job 资源，然后通过 Job 创建 Pod。CronJob 管理的 Pod 可以负责周期性任务的执行，不需要在后台持续运行。

下面的 CronJob 示例会在每分钟打印出当前时间和问候消息。

```
apiVersion: batch/v1
kind: CronJob
metadata:
  name: cronjobtest
spec:
  schedule: "* * * * *"
  jobTemplate:
```

```
  spec:
    template:
      spec:
        containers:
        - name: hello
          image: busybox: 1.30
          imagePullPolicy: IfNotPresent
          command:
          - /bin/sh
          -- c
          - date; echo Hello from the Kubernetes cluster
        restartPolicy: OnFailure
```

3.4 Service（服务）——使 Pod 能与集群内外通信

3.4.1 服务相关概念

Service 用于为 Kubernetes 集群中提供相同服务的一组 Pod 确定一个稳定的访问通道。每个 Service 都有一个 IP 地址和一个端口，如果一个 Service 一直存在，那它的 IP 地址和端口就不会改变。下面对几类重要的服务进行讲解和示例。

3.4.2 ClusterIP 服务

ClusterIP 类型的服务使用集群内部 IP 地址进行暴露，用于仅在集群内部访问的应用。该类型也是在服务的配置文件中不设置服务类型时的默认类型。

```
apiVersion: v1
kind: Service
metadata:
  name: clusteriptest
spec:
  selector:
    app: nginx-pod
  clusterIP: 10.97.97.97  # service 的 ip 地址，如果不写，默认会生成一个
  type: ClusterIP
  ports:
  - port: 80              # Service 端口
    targetPort: 80        # pod 端口
```

3.4.3 NodePort 服务

在很多情况下，我们更想要将 Kubernetes 集群中的 Pod 暴露给外部，使应用能够被外部客户端访问。NodePort 类型的服务能够实现这样的需求，该类服务对外在整个集群中的每一个节点都设置一个相同的端口号，即配置文件中的 NodePort 字段

的设置，并将该端口对外暴露，外部客户端可以使用集群中任意节点的 IP 地址配合 NodePort 访问该服务。同时，在集群内部，NodePort 类型服务也可以和 ClusterIP 服务一样，通过集群的 IP 地址和 port 进行访问。

```
apiVersion: v1
kind: Service
metadata:
  name: nodeporttest
spec:
  type: NodePort
  selector:
    app.kubernetes.io/name: MyApp
  ports:
      # 默认情况下，为了方便起见，'targetPort' 被设置为与 'port' 字段相同的值。
    - port: 80
      targetPort: 80
      # 可选字段
      # 默认情况下，为了方便起见，Kubernetes 控制平面会从某个范围内分配一个端口号（默认：
        30000-32767）
      nodePort: 30007
```

目前，在本书的配置文件示例中已出现了 containerPort、targetPort、port 和 NodePort 四种端口。这里我们统一进行一个解析和对比。

- NodePort：是 Kubernetes 集群对外暴露服务的端口。
- port：是 Kubernetes 集群内部相互访问服务的端口。
- targetPort：是 Kubernetes 集群中 Pod 暴露的端口，与 Dockerfile 文件中 EXPOSE 的端口一致。
- containerPort：是 Kubernetes 集群中 Pod 内容器暴露的端口。

3.4.4 LoadBalancer 服务

LoadBalancer 类型是 NodePort 类型的一种扩展。运行在云服务提供商上的 Kubernetes 集群通常支持通过云基础设施自动提供负载均衡器，使用 LoadBalancer 类型的服务就可以享受这一工具。负载均衡器拥有唯一的、可公开访问的 IP 地址，并将所有连接重定向到你的服务。因此，可以通过负载均衡器的 IP 地址访问服务。

如果一个 Kubernetes 集群在不支持 LoadBalancer 服务的环境中运行，所配置的 LoadBalancer 服务由于无法配置负载均衡器，所以只能发挥和 NodePort 服务一样的作用，像 NodePort 服务一样运行。

```
apiVersion: v1
kind: Service
metadata:
```

```
  name: my-service
spec:
  selector:
    app.kubernetes.io/name: MyApp
  ports:
    - protocol: TCP
      port: 80
      targetPort: 9376
  clusterIP: 10.0.171.239
  type: LoadBalancer
status:
  loadBalancer:
  ingress:
  - ip: 192.0.2.127
```

3.4.5　ExternalName 服务

在一些应用场景下，我们希望引入来自集群外部的服务，ExternalName 服务通过 externalName 字段指定一个外部服务的地址，在集群内部，就可以通过访问 ExternalName 服务而访问到外部服务了。

ExternalName 服务仅在 DNS 级别实现，每一个 ExternalName 服务都会有一个简单的 CNAME 记录。所以，对于连接到该类服务的客户端，实际上是直接连接到了相应的外部服务，完全绕过了服务代理，ExternalName 类型的服务也因此不会获得集群 IP。

例如，以下 Service 将 default 命名空间中的 my-service 服务映射到 my.database.example.com。

```
apiVersion: v1
kind: Service
metadata:
  name: my-service
  namespace: default
spec:
  type: ExternalName
  externalName: my.database.example.com
```

3.4.6　Ingress

前面介绍了两种将 Kubernetes 集群中的服务暴露给外部客户端的方式，即 NodePort 型服务和 LoadBalancer 型服务。对于 NodePort 服务来说，每个服务都要占用集群的一个端口，利用率太低；而对于 LoadBalancer 服务来说，每个服务又需要一个负载均衡器，并且还要在支持 LoadBalancer 服务的环境中运行，否则和 NodePort 效果一样。

上述存在的问题，是 Kubernetes 中 Ingress 资源出现的主要原因。使用 Ingress 只需要一个 NodePort 或一个 LoadBalancer 就能完成暴露多个服务的任务。Ingress 在应用层（7 层 OSI 模型中的第 7 层，是最高层）做反向代理和负载均衡，当 Ingress 收到客户端的 HTTP 或 HTTPS 请求后，请求的主机名和路径会与 Ingress 上配置的规则对应，并被转发到相应的服务。

这里对正向代理和反向代理的概念作一个简单的解释。

正向代理和反向代理的过程相似，首先存在一个位于客户端和目标服务器之间的代理服务器，为了从原始服务器取得内容，客户端向代理服务器发送一个请求并指定目标服务器，然后代理服务器向目标服务器转交请求并将获得的内容返回给客户端。

它们的主要不同点在于，正向代理是客户端的代理，服务器不知道真正的客户端是谁；而反向代理是服务器的代理，客户端不知道真正的服务器是谁。正向代理主要用来解决访问限制问题；反向代理则主要提供负载均衡、安全防护等。正向代理的典型用途是为防火墙内的局域网客户端提供访问外网服务器的途径；反向代理的典型用途则是为外网中的客户端提供路径以访问防火墙内的服务器。

要使得 Ingress 资源能正常工作，还必须要在集群中运行 Ingress 控制器（Ingress controller）。Ingress 控制器是具体实现反向代理和负载均衡的程序，它对 Ingress 上配置的规则进行解析，从而根据 Ingress 上定义的规则来实现请求转发。Ingress 控制器的种类有很多，目前 Kubernetes 官方支持和维护的有 Nginx、AWS、GCE 三种。第 4 章会对目前广泛使用的 Ingress-nginx 展开介绍，并讲解使用 Ingress 暴露服务的配置和操作方法。

3.5　Label（标签）——资源的特征标识

3.5.1　标签相关概念

标签是附加到 Kubernetes 对象（如 Pod）上的键值对，用于给对象设置标识属性以方便有条件的选择，而不直接对核心系统有语义含义。在前面介绍几类 Kubernetes 资源的配置中，我们已使用到了标签，在这一节中我们统一介绍 Kubernetes 中标签的相关知识。

标签可以在创建时附加到对象上，之后也可以添加和修改。每个对象都可以定义一组键 / 值标签，每个键对于某个对象来说都必须是唯一的。对象中标签定义的层次如下所示：

```
"metadata": {
  "labels": {
```

```
    "key1" : "value1",
    "key2" : "value2"
  }
}
```

有效的标签键分为两个段——前缀和名称，之间用斜杠（‘/’）分割。其中前缀可以不设置，如果要设置前缀的话，前缀必须是 DNS 子域：由点（‘.’）分割的一系列 DNS 标签，且总共不超过 253 个字符，后跟斜杠（‘/’）。而名称则是必需的。有效的名称需满足以下要求：小于或等于 63 个字符（不能为空），以英文字母或阿拉伯数字开头和结尾，用到的字符仅包含短横线（-）、下划线（_）、点（.）、英文字母、阿拉伯数字五种字符。

有效的标签值需满足以下要求：小于或等于 63 个字符（可以为空），除非标签值为空，否则必须以英文字母或阿拉伯数字开头和结尾，用到的字符仅包含短横线（-）、下划线（_）、点（.）、英文字母、阿拉伯数字五种字符。

下面是一些典型的标签示例，反映了对象的属性标识。

```
"release" : "stable", "release" : "canary"
"environment" : "dev", "environment" : "qa", "environment" : "production"
"tier" : "frontend", "tier" : "backend", "tier" : "cache"
"partition" : "customerA", "partition" : "customerB"
"track" : "daily", "track" : "weekly"
```

3.5.2 创建、修改和查看标签

首先，我们可以在创建对象时就在配置文件中指定该对象的标签。如在下面的配置文件 pod-label-demo.yaml 中，我们给该 Pod 定义了标识 environment 和 app 的两个标签。

```
apiVersion: v1
kind: Pod
metadata:
  name: label-demo
  labels:
    environment: production
    app: nginx
spec:
  containers:
  - name: nginx
  image: nginx: 1.23.0
  ports:
  - containerPort: 80
```

应用该文件：

```
[root@k8s-master user]# kubectl apply -f pod-label-demo.yaml
```

```
pod/label-demo created
```

若不跟相关选项，kubectl get xxx 命令默认不会列出任何标签。

我们使用 --show-labels 选项来查看资源的所有标签：

```
[root@k8s-master user]# kubectl get pods --show-labels
NAME         READY  STATUS     RESTARTS       AGE   LABELS
label-demo   1/1     Running   0              11m   app=nginx,environment=production
test         1/1     Running   23 (31m ago)  195d   <none>
```

如果我们仅对某一些标签感兴趣，而不想显示所有的标签，则可以使用 -L 选项对要显示的标签进行指定。若要指定多个标签，标签间用逗号（,）间隔。

```
[root@k8s-master user]# kubectl get pods -L app
NAME         READY    STATUS     RESTARTS        AGE    APP
label-demo   1/1      Running    7 (18m ago)     134m   nginx
test         1/1      Running    23 (31m ago)    195d
```

我们还可以对现有资源的标签进行修改，如我们给 label-demo 这一 Pod 新增一个 version 标签，然后将该 Pod 的 app 标签的值修改为 nginx1.23：

```
[root@k8s-master user]# kubectl label pod label-demo version=v1.0
pod/label-demo labeled
# 对现有标签做修改，应使用 --overwrite 选项
[root@k8s-master user]# kubectl label pod label-demo app=nginx1.23 --overwrite
pod/label-demo labeled
```

查看，标签已修改成功：

```
[root@k8s-master user]# kubectl get pods --show-labels
NAME         READY    STATUS   RESTARTS          AGE     LABELS
label-demo   1/1      Running   0                11m     app=nginx1.23,environment=
  production,version=v1.0
test         1/1      Running   23 (33m ago)     195d    <none>
```

在查看资源的标签时，我们还可以使用标签选择器筛选出我们想要的资源进行显示，如：

```
# 列出 app 标签为 nginx1.23 的 Pod
[root@k8s-master user]# kubectl get pods -l app=nginx1.23
NAME         READY    STATUS    RESTARTS      AGE
label-demo   1/1      Running   0             13m
# 列出包含 app 标签的 Pod
[root@k8s-master user]# kubectl get pods -l app
NAME         READY    STATUS    RESTARTS      AGE
label-demo   1/1      Running   0             13m
```

同理，还有一些常用的标签选择器，示例如下：app!=nginx1.23 用于筛选 app 标

签不为 nginx1.23 的资源；version in (v2.0, v3.0) 用于筛选 version 标签为 v2.0 和 v3.0 的资源；version notin (v2.0, v3.0) 用于筛选 version 标签不为 v2.0 和 v3.0 的资源。

3.5.3　使用方法举例

我们创建的 Pod 在大多数情况下都是近乎随机地调度到工作节点上的。当然，这也正是 Kubernetes 集群工作的正常状态，或者说在大多数情况下，我们就是想让应用这样调度并运行在集群上。然而在某些情况下，我们希望对 Pod 要调度到的节点进行一些选择。如在基础设施不一致的情况下：例如有些工作节点使用固态硬盘存储信息，而另一些工作节点使用的是机械硬盘，那么我们可能就会更想针对不同应用的特点而做出一些选择。

当然，我们也不会直接说明某个 Pod 应该调度到哪一个节点上，因为这会使得应用程序与基础架构强耦合，从而会违背 Kubernetes 对在集群中运行的应用程序隐藏底层的基础架构的思想。所以，我们的做法往往是使用节点标签和节点标签选择器。

我们可以给集群中的节点附加标签进行分类，这些标签可以标识节点特别提供的硬件类型，或者任何在调度 Pod 时能提供便利的其他信息。

如我们在集群中新添加了一个节点，它包含了一个性能较强的独显用于提升计算性能，我们便可以向该节点添加一个标签以标识它的这一特点：

```
[root@k8s-master user]# kubectl label node k8s-node3 gpu=true
node/k8s-node3 labeled
```

我们可以在查看节点时使用标签选择器，就像之前查看带标签的 Pod 一样。这里我们列出所有节点的 gpu 标签，可以发现，如果节点没有该标签，相应位置则为空白。

```
[root@k8s-master user]# kubectl get nodes -L gpu
NAME         STATUS   ROLES                  AGE     VERSION   GPU
k8s-master   Ready    control-plane,master   340d    v1.23.6
k8s-node1    Ready    <none>                 340d    v1.23.6
k8s-node2    Ready    <none>                 325d    v1.23.6
k8s-node3    Ready    <none>                 325d    v1.23.6   true
```

接下来我们考虑如何将 Pod 调度到我们想要它运行的节点。此时我们这样定义一个 Pod：

```
apiVersion: v1
kind: Pod
metadata:
  name: label-demo2
spec:
  nodeSelector:
```

```
    gpu: "true"
  containers:
  - name: nginx
    image: nginx: 1.23.0
    ports:
    - containerPort: 80
```

我们在上述 Pod 的 sepc 部分添加了一个 nodeSelector 字段。当我们创建该 Pod 后，调度器将只在包含标签 gpu=true 的节点中进行选择。

3.5.4　推荐使用的标签

除了 kubectl 和 Dashboard 之外，我们还可以使用其他工具来可视化和管理 Kubernetes 对象。一组通用的标签可以让多个工具之间相互操作，用所有工具都能理解的通用方式来描述对象。

元数据围绕应用（application）的概念进行设定。在 Kubernetes 中，其实并没有应用程序这一正式的概念（有的只是 Pod、Deployment、Service 等资源的相互配合），应用程序的定义是松散的，并使用元数据进行描述。

共享标签的前缀为：app.kubernetes.io。没有前缀的标签是用户私有的。共享标签的前缀可以确保共享标签不会干扰用户自定义的标签。

我们以下面的 StatefulSet 对象配置文件节选为例，列出一些推荐使用的共享标签：

```
apiVersion: apps/v1
kind: StatefulSet
metadata:
  labels:
    # 应用程序的名称
    app.kubernetes.io/name: mysql
    # 用于唯一确定应用实例的名称
    app.kubernetes.io/instance: mysql-abcxzy
    # 应用程序的当前版本
    app.kubernetes.io/version: "5.7.21"
    # 架构中的组件
    app.kubernetes.io/component: database
    # 此应用程序的更高级别应用程序的名称
    app.kubernetes.io/part-of: wordpress
    # 管理该应用程序的工具的名称
    app.kubernetes.io/managed-by: helm
```

应用的名称和实例的名称是分别记录的，类似于面向对象编程语言中的类和对象的关系。如在上面的配置中，应用的名称 app.kubernetes.io/name 为 mysql，实例的名称 app.kubernetes.io/instance 为 mysql-abcxzy。这样设计，可以使得应用和应用的实例均可被识别，当然应用的每个实例的名称都必须是唯一的。

我们在部署简单的无状态应用时，常常使用 Deployment 管理 Pod 然后使用 Service 暴露对象。以下两个代码段展示了这种情况下使用标签的最简单的形式。

以下 Deployment 用于管理运行应用程序的 Pod：

```
apiVersion: apps/v1
kind: Deployment
metadata:
  labels:
    app.kubernetes.io/name: myservice
    app.kubernetes.io/instance: myservice-abcxzy
...
```

以下 Service 用于暴露上述的应用程序：

```
apiVersion: v1
kind: Service
metadata:
  labels:
    app.kubernetes.io/name: myservice
    app.kubernetes.io/instance: myservice-abcxzy
...
```

我们再考虑一下如何部署这样一个更复杂的应用程序：一个使用 Helm 安装的 Web 应用（WordPress），其中使用了 MongoDB 4.2.21 数据库。以下四个代码段展示了这种情况下使用标签的示例。

以下 Deployment 用于部署 WordPress：

```
apiVersion: apps/v1
kind: Deployment
metadata:
  labels:
    app.kubernetes.io/name: wordpress
    app.kubernetes.io/instance: wordpress-abcxzy
    app.kubernetes.io/version: "4.9.4"
    app.kubernetes.io/managed-by: helm
    app.kubernetes.io/component: server
    app.kubernetes.io/part-of: wordpress
...
```

以下 Service 用于暴露 WordPress：

```
apiVersion: v1
kind: Service
metadata:
  labels:
    app.kubernetes.io/name: wordpress
    app.kubernetes.io/instance: wordpress-abcxzy
```

```
    app.kubernetes.io/version: "4.9.4"
    app.kubernetes.io/managed-by: helm
    app.kubernetes.io/component: server
    app.kubernetes.io/part-of: wordpress
...
```

MongoDB 作为一个 StatefulSet 暴露，包含它和它所属的应用程序的元数据。

```
apiVersion: apps/v1
kind: StatefulSet
metadata:
  labels:
    app.kubernetes.io/name: mongodb
    app.kubernetes.io/instance: mongodb-abcxzy
    app.kubernetes.io/version: "4.2.21"
    app.kubernetes.io/managed-by: helm
    app.kubernetes.io/component: database
    app.kubernetes.io/part-of: wordpress
...
```

以下 Service 用于将 MongoDB 作为 WordPress 的一部分暴露：

```
apiVersion: v1
kind: Service
metadata:
  labels:
    app.kubernetes.io/name: mongodb
    app.kubernetes.io/instance: mongodb-abcxzy
    app.kubernetes.io/version: "4.2.21"
    app.kubernetes.io/managed-by: helm
    app.kubernetes.io/component: database
    app.kubernetes.io/part-of: wordpress
...
```

通过定义 MongoDB 的 StatefulSet 和 Service，可以方便我们同时关注到 MongoDB 和更高层次的应用程序——WordPress 的相关信息。

3.6 Volume（卷）——Pod 中容器的数据共享与数据的持久化存储

3.6.1 卷相关概念

在 Kubernetes 集群系统中，Pod 的生命周期持续时间可能较短，里面的容器也会被频繁地创建和销毁，而容器销毁之后，保存在容器中的数据作为临时数据，也无疑会被清除。而在实际应用中，有很多数据我们希望能长期地保存下来。为了持久化存储容器中的部分数据，Kubernetes 在 Pod 中设置了一个组件，作为能够让 Pod 中多个容器访问以读写数据的共享目录，然后将硬盘中的某个具体路径挂载到这一目录，可以实现持久化存储容器中的数据。这个组件即为Volume，译为卷。卷与Pod的生命周期同步，Pod启动时创建卷资源，删除Pod后，卷也被销毁。

对于不同的应用场景，也有不同的卷种类以供选择，我们将在下面的小节作较为详细的介绍。

3.6.2　本地存储

在Kubernetes中有两种常见的本地存储卷，分别是emptyDir卷和hostPath卷。

emptyDir卷是用于存储瞬时数据的简单空目录，常用作数据无须持久保存的一些应用程序所需的临时目录。emptyDir卷无法做到数据的持久化存储，里面的数据会随Pod的消亡而被销毁。

下面是emptyDir卷的一些常见用途：

1）作为缓存空间，例如用于基于磁盘的归并排序。

2）为耗时较长的计算任务提供检查点，以便任务能方便地从崩溃前状态恢复执行。

3）在Web服务器容器服务数据时，保存内容管理器容器获取的文件。

emptyDir卷的配置示例如下：

```
apiVersion: v1
kind: Pod
metadata:
  name: test-pd
spec:
  containers:
  - image: registry.k8s.io/test-webserver
    name: test-container
    volumeMounts:
    - mountPath: /cache
      name: cache-volume
    volumes:
    - name: cache-volume
      emptyDir:
        sizeLimit: 500Mi
```

hostPath类型的Volume则可以实现持久化存储，它是将工作节点中目录挂载到容器的文件系统中，Pod即使消失了，数据仍然会保留在本地。Kubernetes官方并不推荐使用hostPath卷，因为hostPath卷存在许多安全风险，我们在下文会谈到。

下面是hostPath卷的一些用法：

1）运行一个需要访问Docker内部机制的容器，可使用hostPath挂载/var/lib/docker路径。

2）在容器中运行 cAdvisor 时，以 hostPath 方式挂载 /sys。

3）允许 Pod 指定给定的 hostPath 在运行 Pod 之前是否应该存在，是否应该创建以及应该以什么方式存在。

hostPath 卷的配置示例如下：

```
apiVersion: v1
kind: Pod
metadata:
  name: test-pd
spec:
  containers:
  - image: registry.k8s.io/test-webserver
    name: test-container
    volumeMounts:
    - mountPath: /test-pd
      name: test-volume
  volumes:
  - name: test-volume
    hostPath:
      # 宿主上目录位置
      path: /data
      # 此字段为可选
      type: Directory  # 在给定路径上必须存在目录
```

但是需要注意的是，hostPath 卷的数据存储在第一次分配的节点的文件系统中，当其 Pod 被调度到另一个节点后，会找不到数据。所以，在一般情况下，我们也不推荐使用 hostPath 卷，它虽然在一定程度上解决了数据持久化存储的问题，但却对节点故障和 Pod 调度转移的适应度极差。此外，hostPath 卷还可能会暴露特权系统凭据（例如 kubelet）或特权 API（例如容器运行时套接字），这些信息可用于容器逃逸或攻击集群的其他部分。当一定要使用 hostPath 卷时，它的范围应仅限于所需的文件或目录，并以只读方式挂载。

3.6.3　网络存储 NFS

要想解决上一节中 hostPath 卷出现的问题，采用 NFS（Network File System，网络文件系统）是一个很好的选择。

搭建好 NFS 服务器后，将 Pod 的 Volume 连接到 NFS 服务器上，只要连接正常，数据的访问就与 Pod 的调度转移无关。下面给出 NFS 卷的配置示例：

```
apiVersion: v1
kind: Pod
metadata:
  name: test-pd
spec:
```

```
containers:
- image: registry.k8s.io/test-webserver
  name: test-container
  volumeMounts:
  - mountPath: /my-nfs-data
    name: test-volume
volumes:
- name: test-volume
  nfs:
    server: my-nfs-server.example.com
    path: /my-nfs-volume
    readOnly: true
```

3.6.4 PV 和 PVC

对于上文我们介绍的几种类型的存储卷，都要求部署应用程序的开发人员了解集群中可用的实际网络存储的基础结构。例如，要创建一个 NFS 卷，开发人员必须知道 NFS 节点所在的实际服务器位置。这并不是一个理想的实践情形，甚至与 Kubernetes 的基本思想相悖。Kubernetes 希望向应用程序及其开发人员隐藏实际的基础设施，让他们不必担心这些底层细节，并使应用程序可以跨各种云提供商和本地数据中心进行迁移。

为了使应用程序能在请求存储资源的同时不必关心一些基础的细节，Kubernetes 引入了 PV（Persistent Volume，持久卷）和 PVC（Persistent Volume Claim，持久卷声明）两个资源。PV 是存储资源的抽象，PVC 则是负责对 PV 的申请。

在理想情况下，它们的相关业务是这样执行的：Kubernetes 管理员首先根据硬件条件和实际需要制备好一些 PV 以供使用（或使用 StorageClass 资源动态制备，此处不做介绍），当在 Kubernetes 上部署应用程序的开发人员需要在 Pod 中使用持久化存储时，由他们根据自身需要来创建 PVC，在 PVC 中指定好诸如存储容量、存储类别等属性。用户创建好相关 PVC 后，将 PVC 提交给 kube-apiserver，然后 Kubernetes 负责找到可匹配的 PV 并将其绑定到用户提交的 PVC 上。

我们希望上述的流程作为理想模型的实质在于，在 Kubernetes 上部署应用程序的开发人员不需要知道底层使用的是哪种存储技术，也不需要了解应该使用哪些类型的物理服务器来运行 Pod，而这些与基础设施相关的交互应该是 Kubernetes 集群管理员的控制领域。反过来对于 Kubernetes 集群管理员来说，他们可能也不知道某个具体的应用所需的存储容量或其实现的抽象逻辑等。因此，上述 PV 与 PVC 的使用方法显得清晰而高效。

PV 在其生命周期中有以下四个阶段。

1）Available（可用）：表示该 PV 目前是一个空闲资源，等待 PVC 申领并绑定。

2）Bound（已绑定）：表示该 PV 目前已被绑定到某 PVC 上。

3）Released（已释放）：表示该 PV 所绑定的 PVC 已失效，但资源尚未被集群回收。

4）Failed（失败）：表示该 PV 的自动回收操作失败。

```
apiVersion: v1
kind: PersistentVolume
metadata:
  name: pv1
spec:
  nfs:                            # 存储类型
  capacity:
    storage: 2Gi                  # 存储容量
  accessModes:                    # 访问模式
  storageClassName:               # 存储类别
  persistentVolumeReclaimPolicy: # 回收策略
```

下面对 PV 配置文件中一些关键参数作一个说明。

1）存储类型：PV 底层实际存储的实现方式，以插件的形式实现。Kubernetes 目前支持以下插件（目前已弃用、未来会被移除的插件我们不再介绍）。

- CephFS：Ceph 文件系统卷。
- CSI：容器存储接口。
- FC：Fibre Channel，光纤通道存储。
- hostPath：hostPath 卷（仅供单节点测试使用，不适用于多节点集群；请尝试使用 Local 卷作为替代）。
- iSCSI：SCSI over IP 存储。
- Local：节点上挂载的本地存储设备。
- NFS：网络文件系统存储。
- RBD：Rados 块设备卷。

2）存储容量（Storage）：以 GB 为单位，是申请 PV 的重要指标。

3）访问模式（accessMode）：设置应用对存储资源的访问权限。不同的存储类型支持不同的访问模式，一般有三种模式。

- ReadWriteOnce（RWO）：授予读写权限，但仅能被单个节点挂载。（该模式允许运行在同一节点上的多个 Pod 访问 PV）
- ReadWriteMany（RWM）：授予读写权限，且能被多个节点挂载。
- ReadOnlyMany（ROM）：授予只读权限，能被多个节点挂载。

特别地，对于 Kubernetes 1.22 以上版本的 CSI 卷，还有第四种访问模式——ReadWriteOncePod（RWOP），该模式下的 PV 只能被单个 Pod 挂载并读写。

不同卷插件支持的访问模式如表 3-1 所示。

表 3-1　不同卷插件支持的访问模式

卷插件	访问模式			
	ReadWriteOnce	ReadOnlyMany	ReadWriteMany	ReadWriteOncePod
CephFS	√	√	√	—
CSI	取决于驱动	取决于驱动	取决于驱动	取决于驱动
FC	√	√	—	—
hostPath	√	—	—	—
iSCSI	√	√	—	—
NFS	√	√	√	—
RBD	√	√	—	—

4）存储类名（storageClassName）：标识一个 PV 的类名，特定类的 PV 只能被请求该类 PV 的 PVC 申领并绑定。未设置类名的 PV 只能供那些没有指定 PV 类名的 PVC 申领并绑定。

5）回收策略（persistentVolumeReclaimPolicy）：当 PV 不再被使用后，回收策略有三种。

- Retain（保留）：将 PV 相关数据保留，需要 Kubernetes 管理员手动清除。
- Recycle（回收）：基本清除 PV 相关数据，效果相当于执行 rm -rf 卷目录 *。
- Delete（删除）：与 PV 相连的后端存储，完成 Volume 的删除操作，常见于云服务商的存储服务。

目 前， 仅 NFS 和 hostPath 支 持 Recycle，AWS EBS、GCE PD、Azure Disk 和 Cinder 卷支持 Delete。

PVC 是对资源（PV）的申请，用来声明对存储空间、访问模式、存储类别等的需求信息。下面是 PVC 的配置示例：

```
apiVersion: v1
kind: PersistentVolumeClaim
metadata:
  name: pvc
  namespace: dev
spec:
  accessModes:              # 访问模式
  selector:                 # 采用标签对 PV 选择
  storageClassName:         # 存储类别
  resources:                # 请求空间
    requests:
      storage: 5Gi
```

下面我们给出对应用程序数据进行持久化存储的配置示例。

1）使用 NFS 存储，我们首先要准备 NFS 环境。

```
//创建目录
[root@k8s-master user]# mkdir /root/data/{pv1,pv2,pv3} -pv

//暴露服务
[root@k8s-master user]# more /etc/exports
/root/data/pv1   192.168.98.0/24(rw,no_root_squash)
/root/data/pv2   192.168.98.0/24(rw,no_root_squash)
/root/data/pv3   192.168.98.0/24(rw,no_root_squash)
```

2）然后我们使用配置文件 pv-test.yaml 制备 3 个 PV，对应 NFS 中 3 个暴露的路径。

```
apiVersion: v1
kind: PersistentVolume
metadata:
  name:  pv1
spec:
  capacity:
    storage: 1Gi
  accessModes:
  - ReadWriteMany
  persistentVolumeReclaimPolicy: Retain
  nfs:
    path: /root/data/pv1
    server: 192.168.98.131

---

apiVersion: v1
kind: PersistentVolume
metadata:
  name:  pv2
spec:
  capacity:
    storage: 2Gi
  accessModes:
  - ReadWriteMany
  persistentVolumeReclaimPolicy: Retain
  nfs:
    path: /root/data/pv2
    server: 192.168.98.131

---

apiVersion: v1
kind: PersistentVolume
metadata:
```

```
  name:  pv3
spec:
  capacity:
    storage: 3Gi
  accessModes:
  - ReadWriteMany
  persistentVolumeReclaimPolicy: Retain
  nfs:
    path: /root/data/pv3
    server: 192.168.98.131
```

3）使用配置文件 pvc-test.yaml 创建 PVC 以绑定 PV。

```
  apiVersion: v1
kind: PersistentVolumeClaim
metadata:
  name: pvc1
  namespace: dev
  spec:
    accessModes:
    - ReadWriteMany
    resources:
      requests:
        storage: 1Gi

---

apiVersion: v1
kind: PersistentVolumeClaim
metadata:
  name: pvc2
  namespace: dev
spec:
  accessModes:
  - ReadWriteMany
  resources:
    requests:
      storage: 1Gi

---

apiVersion: v1
kind: PersistentVolumeClaim
metadata:
  name: pvc3
  namespace: dev
spec:
  accessModes:
  - ReadWriteMany
  resources:
```

```
    requests:
  storage: 1Gi
```

4）使用配置文件 pods-pvctest.yaml 创建 Pod，给 Pod 设置相应的 PVC。

```
apiVersion: v1
kind: Pod
metadata:
  name: pod1
  namespace: dev
spec:
  containers:
  - name: busybox
    image: busybox: 1.30
    command: ["/bin/sh","-c","while true;do echo pod1 >> /root/out.txt; sleep
      10; done;"]
    volumeMounts:
    - name: volume
      mountPath: /root/
  volumes:
    - name: volume
      persistentVolumeClaim:
        claimName: pvc1
        readOnly: false

---

apiVersion: v1
kind: Pod
metadata:
  name: pod2
  namespace: dev
spec:
  containers:
  - name: busybox
    image: busybox: 1.30
    command: ["/bin/sh","-c","while true;do echo pod2 >> /root/out.txt; sleep
      10; done;"]
    volumeMounts:
    - name: volume
      mountPath: /root/
  volumes:
    - name: volume
      persistentVolumeClaim:
        claimName: pvc2
        readOnly: false
```

然后我们通过查看相应文件，能够证实 PV 与 Pod 会成功地对应起来，实现了应用程序数据的持久化存储。

3.7 ConfigMap 和 Secret——配置应用程序

3.7.1 应用配置相关介绍

配置应用程序有许多种不同的方法，在开发一款应用的初期，除了将配置内嵌到应用里，我们还经常会以命令行参数的形式来配置应用，随着配置项的增多，往往会将配置文件化，如本书中一直使用的 YAML 配置文件。

还有一种经典的方法常用于把配置项传递给容器化应用程序，那就是配置环境变量。应用程序不需要读取配置文件或命令行参数，而是选择查找特定环境变量的值。

3.7.2 ConfigMap

ConfigMap 对象用来将非机密性的数据保存到键值对中，Pod 可以将其用作环境变量、命令行参数或存储卷中的配置文件。ConfigMap 不是用来保存大量数据的，1 个 ConfigMap 资源被设计为最多保存 1 MiB（1024 KiB）的数据。

在如下的示例中，我们将一个账号及对应的密码存入一个 ConfigMap 文件中：

```
apiVersion: v1
kind: ConfigMap
metadata:
  name: configmap
  namespace: dev
data:
  info: |
    username: user1
    password: 888666
```

使用该文件创建 ConfigMap 资源，并查看该配置详情：

```
[root@k8s-master user]# kubectl create -fconfigmap.yaml
configmap/configmap created

[root@k8s-master user]# kubectl describe cm configmap-n dev
Name:               configmap
Namespace:          dev
Labels:             <none>
Annotations:        <none>

Data
====
info:
----
username: user1
password: 888666

Events: <none>
```

然后可以创建一个 Pod，将上述的 ConfigMap 资源挂载进去：

```
apiVersion: v1
kind: Pod
metadata:
  name: pod-configmap
  namespace: dev
spec:
  containers:
  - name: nginx
    image: nginx: 1.23.0
    volumeMounts:
    - name: config
      mountPath: /configmap/config  #挂载目录
  volumes:
  - name: config
    configMap:
      name: configmap  #挂载的ConfigMap资源名
[root@k8s-master user]# kubectl create -f pod-configmap.yaml
pod/pod-configmap created

[root@k8s-master user]# kubectl get pod pod-configmap-n dev
NAME             READY    STATUS     RESTARTS    AGE
pod-configmap    1/1      Running    0           16s

#进入容器查看
[root@k8s-master user]# kubectl exec -it pod-configmap-n dev /bin/sh
# cd /configmap/config/
# ls
info
# more info
username: user1
password: 888666

#可以看到映射已经成功，每个configmap都映射成了一个目录
# key---> 文件    value----> 文件中的内容
#此时如果更新configmap的内容，容器中的值也会动态更新
```

通过容器中显示的信息，我们可以知道配置信息映射已经完成，每个 ConfigMap 资源都会被映射成一个目录。如果此后我们更新 ConfigMap 资源的内容，容器中相应的值也会随之动态更新。kubelet 组件会在每次周期性同步时检查所挂载的 ConfigMap 资源是否为最新。而以环境变量方式使用的 ConfigMap 资源的数据不会被自动更新，更新这些数据需要重新启动 Pod。

3.7.3 Secret

前面提到的 ConfigMap 对象并不提供保密或加密功能。为了更安全地存储一

些敏感信息，Kubernetes 提供 Secret 对象，以保存密码、密钥或令牌等机密信息。Secret 的结构与 ConfigMap 类似，也是键值对的映射，其使用方法也与 ConfigMap 相似，我们可以将 Secret 条目作为环境变量传递给容器，也可以将 Secret 条目暴露为卷中的文件。

Kubernetes 通过确保每个 Secret 只分发给特定的节点，以确保 Secret 的安全性。这些节点需要访问 Secret 才能正常运行某些 Pod。此外，Secret 只会存储在节点的内存中，而不会写入物理存储，因此清除内存后，Secret 也随之被删除，而不需要在磁盘进行相关清理。而在主节点中，etcd 组件则以加密形式存储 Secret。

和 ConfigMap 类似，1 个 Secret 资源被设计为最多保存 1 MiB 的数据。用户应在 Secret 中存放较少的数据，以节省 API 服务器和 kubelet 内存。

Secret 资源包含两种类型的键值对：data 和 stringData。data 字段用来存储 base64 编码的任意数据，而 stringData 则允许使用未编码的字符串。data 和 stringData 的键必须仅由字母、数字、-、_、. 五种字符组成。

要编辑一个 Secret 对象，主要可以选择使用配置文件或使用 kubectl 两种方法。这里我们介绍使用 YAML 配置文件的方式。

首先我们尝试使用 data 字段在 Secret 中存储两个字符串。应先将我们想要存储的字符串转换为 base64 编码：

```
[root@k8s-master user]# echo -n'CUIT'|base64
Q1VJVA==
[root@k8s-master user]# echo -n'083500'|base64
MDgzNTAw
```

然后我们可以编写配置文件 secret-data-test.yaml：

```
apiVersion: v1
kind: Secret
metadata:
  name: mysecret1
type: Opaque
data:
  username: Q1VJVA==
  password: MDgzNTAw
```

应用该配置文件，并查看 Secret：

```
[root@k8s-master user]# kubectl apply -f secret-data-test.yaml
secret/mysecret1 created
[root@k8s-master user]# kubectl get secret
NAME                 TYPE                                  DATA   AGE
default-token-qn4wn  kubernetes.io/service-account-token   3      342d
mysecret1            Opaque                                2       31s
tls-secret           kubernetes.io/tls                     2      321d
```

上面我们仅使用了 data 字段。而对于某些场景，我们可能更希望使用 stringData 字段。这个字段可以将一个非 base64 编码的字符串直接放入 Secret 中，当创建或更新该 Secret 时，此字段将被编码。如在这样一个场景中，我们可能希望使用 stringData 字段：当我们使用 Secret 存储配置文件部署应用时，我们希望在部署过程中，填入部分内容到该配置文件。

例如，在我们的应用程序中需要用到以下配置：

```
apiUrl: "https: //my.api.com/api/v1"
username: "CUIT"
password: "083500"
```

我们可以这样将其存储在 Secret 中：

```
apiVersion: v1
kind: Secret
metadata:
  name: mysecret
type: Opaque
stringData:
  config.yaml: |
    apiUrl: "https: //my.api.com/api/v1"
    username: CUIT
    password: 083500
```

当我们检索 Secret 数据时，此命令将返回编码的值，而并不是我们在 stringData 中提供的纯文本值。

此外，我们可以同时使用 data 和 stringData。在这种情况下，如果我们在 data 和 stringData 中设置了同一个字段，那么会使用来自 stringData 中的值。

本章小结

本章起我们开始了对 Kubernetes 的讲解。在本章中，我们介绍了 Kubernetes 的核心概念与原理，包括 Kubernetes 的诞生背景、重要组件、节点等内容，以及 Kubernetes 中六大核心资源对象—— Pod、Pod 控制器、Service（服务）、Label（标签）、Volume（卷）、ConfigMap 和 Secret。这些知识是 Kubernetes 体系中最核心的部分，也是使用 Kubernetes 技术、搭建一个简单 Kubernetes 集群所需的最基础的知识。学习好了本章内容后，我们即对 Kubernetes 的工作原理有了一个基本的认识。接下来我们利用本章所学到的知识，在下一章详细演示一些基本的实际操作步骤。

章末练习

3-1 下列哪一项不属于 Pod 生命周期？（ ）

A. Pending B. Failed C. Running D. Dead

3-2 如果想要将一个 Pod 调度至指定节点，可以选择设置什么字段？（ ）

A. nodeName 或 nodeSelector B. nodeName 或 Selector

C. Labels 与 matchLabels D. Selector 与 Labels

3-3 Kubernetes 的所有 Pod 控制器中，哪一个能保证每个节点上都运行一个 Pod？（ ）

A. Deployment B. Daemonset C. Job D. CronJob

3-4 下列哪一项不是 Kubernetes 的存储卷？（ ）

A. emptyDir B. hostPath C. hostVolume D. NFS

3-5 下面选项中不属于 PV 的访问模式的是（ ）。

A. ReadWriteOnce B. ReadOnlyMany

C. ReadWriteMany D. ReadOrWrite

3-6 Pod 的镜像拉取策略有______、______、______。

3-7 Pod 的容器重启策略有______、______、______。

3-8 Kubernetes 的应用场景以及各重要组件的功能分别是什么？

3-9 若集群中某 Pod 一直处于 Pending 状态，一般是有哪些情况？我们可以如何排查问题？

3-10 Ingress 资源对象的作用是什么？

3-11 Kubernetes 中有哪些存储卷？它们的特点和主要用途分别有哪些？

第 4 章　使用 Kubernetes 部署应用程序

4.1　Kubernetes 基本环境搭建

4.1.1　系统环境准备

在本章中，我们基于 CentOS 8 Stream 操作系统进行从环境搭建到实际应用的 Kubernetes 实操讲解。首先，在各节点的命令行中输入下列命令以准备好适合 Kubernetes 集群运行的基本系统环境。

（1）关闭防火墙

```
systemctl stop firewalld
systemctl disable firewalld
```

（2）关闭 selinux

```
# 永久关闭 selinux
sed-i 's/enforcing/disabled/' /etc/selinux/config

# 临时关闭 selinux
setenforce 0
```

（3）关闭 swap（Kubernetes 禁止虚拟内存以提高性能）

```
# 永久关闭 swap
sed-ri's/.*swap.*/#&/' /etc/fstab

# 临时关闭 swap
swapoff-a# 临时
```

（4）在所有节点的 hosts 文件中添加节点与 IP 的映射

```
cat>> /etc/hosts << EOF

# 根据准备好的控制节点和工作节点的 IP 地址以及对各节点的命名，在 hosts 文件中输入如下格式的
  映射配置信息
192.168.98.131 k8s-master
192.168.98.132 k8s-node1
EOF
```

```
# 编辑完成后，重启网络服务（重启网卡）或重启系统可使之生效
# 重启网络服务（重启网卡），先后执行：
nmcli c reload      # 重新载入配置文件
nmcli c up ens33    # 或 nmcli d reapply ens33 或 nmcli d connect ens33 皆可，其中
  ens33 为网卡名
```

注：CentOS 7 中可使用 systemctl restart network 命令重启网络，而 CentOS 8 中废弃了 network.service，故之前的这一命令随之失效。主机的网卡名可以通过 ifconfig 命令查询到。

（5）设置网桥参数

```
cat> /etc/sysctl.d/k8s.conf << EOF

# 在 k8s.conf 文件中设置如下网桥参数
net.bridge.bridge-nf-call-ip6tables = 1
net.bridge.bridge-nf-call-iptables = 1
EOF

sysctl--system  # 生效
```

（6）保持时间同步

要使 Kubernetes 集群正常工作，必须保证集群中各节点的时间同步。CentOS 8 中已经默认不再支持之前广泛使用的 ntpd 软件包，同时也无法通过官方的软件仓库安装，因此在需要进行时间同步操作时，我们目前通常使用 Chrony 工具进行时间同步。

Chrony 工具包含两个程序：chronyc 和 chronyd。chronyd 是一个后台运行的守护进程，用于调整内核中运行的系统时钟和时钟服务器同步，它确定计算机增减时间的比率，并对此进行补偿。chronyc 是一个命令行工具，用于监控性能并进行多样化的配置。chronyc 可以在 chronyd 实例控制的计算机上工作，也可以在一台不同的远程计算机上工作。

4.1.2　安装并配置 Docker

Docker 是目前最为流行的应用容器引擎，我们在第 2 章中对它进行过详细的介绍。不同的 Kubernetes 版本所支持的 Docker 版本也不尽相同，二者版本的对应关系可以在 Kubernetes 官方 GitHub 仓库中存放的版本信息介绍里查询到：https://github.com/kubernetes/kubernetes/releases。本书选用的 Kubernetes 版本为 12.3.6，这里选择的 20.10.7 版本是合适的 Docker 版本之一。

在各节点的命令行中执行下面一系列命令以完成 Docker 的安装与配置。

（1）下载并安装 Docker（此处选择阿里云仓库的镜像）

```
yum install wget-y
```

```
wget https: //mirrors.aliyun.com/docker-ce/linux/centos/docker-ce.repo -O /etc/
  yum.repos.d/docker-ce.repo

yum install docker-ce-20.10.7 docker-ce-cli-20.10.7 -y--allowerasing
```

安装后再启动 Docker 服务：

```
systemctl enable docker.service
systemctl restart docker
```

（2）修改 Docker 的 cgroup 驱动

cgroup（control group 的简写）是 Linux 内核的一个功能，用于控制、限制与分离一个进程组群的资源（如 CPU、内存、磁盘输入输出等）。cgroup 驱动有两种，一种是 systemed，另外一种是 cgroups。要使 kubelet 组件能正常运行，我们需要保证容器运行时的 cgroup 驱动与 kubelet 的 cgroup 驱动一致。由于 kubeadm 把 kubelet 视为一个系统服务来管理，所以官方推荐使用 systemed 驱动，不推荐 cgroups 驱动，所以我们选择将 Docker 的 cgroup 驱动修改为 systemd。修改步骤如下。

1）查看 Docker 驱动：

```
docker info|grep Driver
```

2）配置加速器并修改 Docker 的 cgroup 驱动：

```
vim /etc/docker/daemon.json
```

3）daemon.json 文件中添加：

```
{
"exec-opts": ["native.cgroupdriver=systemd"],
"registry-mirrors": ["https: //registry.docker-cn.com"]
}
```

4）再重新加载配置并重启 Docker 以生效：

```
systemctl daemon-reload
systemctl restart docker
```

4.1.3　安装 kubeadm、kubectl 和 kubelet

在第 3 章中我们介绍过 kubeadm、kubectl 工具和 kubelet 组件各自的作用，下面我们需要对这“三件套”进行下载和安装。

（1）添加 K8s 的阿里云 yum 源（国内提高下载速度）

修改 kubernetes.repo 文件：

```
cat> /etc/yum.repos.d/kubernetes.repo << EOF
```

```
[kubernetes]
name=Kubernetes
baseurl=https: //mirrors.aliyun.com/kubernetes/yum/repos/kubernetes-el7-x86_64
enabled=1
gpgcheck=0
repo_gpgcheck=0
gpgkey=https: //mirrors.aliyun.com/kubernetes/yum/doc/yum
-key.gpg https: //mirrors.aliyun.com/kubernetes/yum/doc/rpm-package-key.gpg
EOF
```

（2）安装并启动服务

安装刚才下载的包：

```
yum install kubelet-1.23.6 kubeadm-1.23.6 kubectl-1.23.6 -y
```

开启 kubelet 服务：

```
systemctl enable kubelet.service
```

查看是否安装成功：

```
yum list installed |grep kubelet
yum list installed |grep kubeadm
yum list installed |grep kubectl
```

4.1.4 部署主节点（在主节点上执行）

1）修改本机名：

```
hostnamectl set-hostname k8s-master
```

2）初始化主节点：

```
kubeadm init --apiserver-advertise-address=192.168.98.131 --image-repository
  registry.aliyuncs.com/google_containers --kubernetes-version v1.23.6
  --service-cidr=10.96.0.0/12 --pod-network-cidr=10.244.0.0/16
```

3）准备必要的目录和文件：

```
mkdir-p $HOME/.kube
sudo cp -i /etc/kubernetes/admin.conf $HOME/.kube/config
sudo chown $(id-u): $(id-g)$HOME/.kube/config
```

4）查看节点：

```
kubectl get node
```

注：重新初始化集群所需操作为执行 kubeadm reset 和 rm -rf $HOME/.kube 两条命令。

4.1.5 工作节点加入集群（在工作节点上执行）

修改本机名：

```
hostnamectl set-hostname k8s-node1
```

工作节点执行加入集群命令后，本节点的 kubelet 目录等文件才自动创建。向集群添加新节点，执行的命令就是主节点执行初始化命令后输出的 kubeadm join 命令：

```
# 示例
kubeadm join 192.168.98.131: 6443 --token pf82rw.f5ed6fvzubu5uwqi--discovery-
  token-ca-cert-hash sha256: 7adfe9c91e74cd4f446b9ec97bfe8586f8189e998d0c8a635
  b1af5598bed9455
```

主节点上查看该口令：

```
kubeadm token create --print-join-command
```

主节点上查看集群中所有节点：

```
kubectl get node
```

注：若工作节点长时间 NotReady，需检查 kubelet 运行状态，若 kubelet 运行状态不正常，找出原因。此外，可以尝试 reset 后重新加入：先后输入 kubeadm reset 和上述以 kubeadm join 开头的命令即可。

主节点安全删除集群中工作节点包括以下步骤。

1）首先将待删除节点标记为不可调度，避免有新的 Pod 在此节点创建和运行：kubectl cordon（工作节点名）。

2）安全驱逐工作节点中所有的 Pod，被驱逐的 Pod 将在其他节点重新创建和运行：kubectl drain（工作节点名）。

3）顺利执行上面的命令后，删除节点即可：kubectl delete node（工作节点名）。

4.1.6 部署网络插件（在主节点上执行）

得到 kube-flannel.yml 文件并应用：

```
wget https: //raw.githubusercontent.com/coreos/flannel/master/Documentation/
  kube-flannel.yml

kubectl apply -f kube-flannel.yml
```

然后观察节点状态，一般等待几分钟后各节点便部署完毕，转为 Ready 状态。这意味着 kubernetes 集群准备就绪，可以正式开始使用了。

```
[root@k8s-master user]# kubectl get node
NAME            STATUS   ROLES                           AGE     VERSION
```

```
k8s-master   Ready    control-plane,master   15m     v1.23.6
k8s-node1    Ready    <none>                 8m      v1.23.6
k8s-node2    Ready    <none>                 8m      v1.23.6
k8s-node3    Ready    <none>                 9m      v1.23.6
```

附 flannel 网络插件的配置文件 kube-flannel.yml：

```
---
apiVersion: policy/v1beta1
kind: PodSecurityPolicy
metadata:
  name: psp.flannel.unprivileged
  annotations:
    seccomp.security.alpha.kubernetes.io/allowedProfileNames: docker/default
    seccomp.security.alpha.kubernetes.io/defaultProfileName: docker/default
    apparmor.security.beta.kubernetes.io/allowedProfileNames: runtime/default
    apparmor.security.beta.kubernetes.io/defaultProfileName: runtime/default
spec:
  privileged: false
  volumes:
  - configMap
  - secret
  - emptyDir
  - hostPath
  allowedHostPaths:
  - pathPrefix: "/etc/cni/net.d"
  - pathPrefix: "/etc/kube-flannel"
  - pathPrefix: "/run/flannel"
  readOnlyRootFilesystem: false
  # Users and groups
  runAsUser:
    rule: RunAsAny
  supplementalGroups:
    rule: RunAsAny
  fsGroup:
    rule: RunAsAny
  # Privilege Escalation
  allowPrivilegeEscalation: false
  defaultAllowPrivilegeEscalation: false
  # Capabilities
  allowedCapabilities: ['NET_ADMIN','NET_RAW']
  defaultAddCapabilities: []
  requiredDropCapabilities: []
  # Host namespaces
  hostPID: false
  hostIPC: false
  hostNetwork: true
  hostPorts:
  - min: 0
    max: 65535
```

```
  # SELinux
  seLinux:
    # SELinux is unused in CaaSP
    rule: 'RunAsAny'
---
kind: ClusterRole
apiVersion: rbac.authorization.k8s.io/v1
metadata:
  name: flannel
rules:
- apiGroups: ['extensions']
    resources: ['podsecuritypolicies']
    verbs: ['use']
    resourceNames: ['psp.flannel.unprivileged']
- apiGroups:
  - ""
  resources:
  - pods
  verbs:
  - get
- apiGroups:
  - ""
  resources:
  - nodes
  verbs:
  - list
  - watch
- apiGroups:
  - ""
  resources:
  - nodes/status
  verbs:
  - patch
---
kind: ClusterRoleBinding
apiVersion: rbac.authorization.k8s.io/v1
metadata:
  name: flannel
roleRef:
  apiGroup: rbac.authorization.k8s.io
  kind: ClusterRole
  name: flannel
subjects:
- kind: ServiceAccount
  name: flannel
  namespace: kube-system
---
apiVersion: v1
kind: ServiceAccount
metadata:
```

```
  name: flannel
  namespace: kube-system
---
kind: ConfigMap
apiVersion: v1
metadata:
  name: kube-flannel-cfg
  namespace: kube-system
  labels:
    tier: node
    app: flannel
  data:
    cni-conf.json: |
      {
        "name": "cbr0",
        "cniVersion": "0.3.1",
        "plugins": [
          {
            "type": "flannel",
            "delegate": {
            "hairpinMode": true,
            "isDefaultGateway": true
          }
        },
        {
          "type": "portmap",
          "capabilities": {
            "portMappings": true
          }
        }
      ]
    }
  net-conf.json: |
    {
      "Network": "10.244.0.0/16",
      "Backend": {
        "Type": "vxlan"
      }
    }
---
apiVersion: apps/v1
kind: DaemonSet
metadata:
  name: kube-flannel-ds
  namespace: kube-system
  labels:
    tier: node
    app: flannel
spec:
  selector:
```

```
    matchLabels:
      app: flannel
  template:
    metadata:
      labels:
        tier: node
        app: flannel
    spec:
      affinity:
        nodeAffinity:
          requiredDuringSchedulingIgnoredDuringExecution:
            nodeSelectorTerms:
            - matchExpressions:
              - key: kubernetes.io/os
                operator: In
                values:
                - linux
      hostNetwork: true
      priorityClassName: system-node-critical
      tolerations:
      - operator: Exists
        effect: NoSchedule
        serviceAccountName: flannel
        initContainers:
        - name: install-cni
          image: quay.io/coreos/flannel: v0.13.0
          command:
          - cp
          args:
          - -f
          - /etc/kube-flannel/cni-conf.json
          - /etc/cni/net.d/10-flannel.conflist
          volumeMounts:
          - name: cni
            mountPath: /etc/cni/net.d
          - name: flannel-cfg
            mountPath: /etc/kube-flannel/
        containers:
        -name: kube-flannel
          image: quay.io/coreos/flannel: v0.13.0
          command:
          - /opt/bin/flanneld
          args:
          --- ip-masq
          --- kube-subnet-mgr
          resources:
            requests:
              cpu: "100m"
              memory: "50Mi"
            limits:
```

```
            cpu: "100m"
            memory: "50Mi"
        securityContext:
          privileged: false
          capabilities:
            add: ["NET_ADMIN","NET_RAW"]
        env:
        - name: POD_NAME
          valueFrom:
            fieldRef:
              fieldPath: metadata.name
        - name: POD_NAMESPACE
          valueFrom:
            fieldRef:
              fieldPath: metadata.namespace
        volumeMounts:
        - name: run
          mountPath: /run/flannel
        - name: flannel-cfg
          mountPath: /etc/kube-flannel/
      volumes:
      - name: run
        hostPath:
          path: /run/flannel
      - name: cni
        hostPath:
          path: /etc/cni/net.d
      - name: flannel-cfg
        configMap:
          name: kube-flannel-cfg
```

4.2　Kubernetes 部署 Spring Boot 应用

4.2.1　得到项目镜像（在工作节点上操作）

根据上一节的讲解，我们已经成功搭建好了 Kubernetes 集群，现在就可以进行应用程序的部署了。部署应用程序首先需要得到该应用程序的镜像，如果 Docker 镜像仓库中已有我们所需的镜像，则直接下载即可。而在很多应用场景下，我们是需要把本地的软件项目做成容器化应用放到 Kubernetes 集群中运行。所以，我们从如何得到本地项目镜像开始讲解。

（1）项目打 jar/war 包

使用 Maven 打包 Spring Boot 应用，添加依赖：

```
<build>
  <plugins>
```

```
      <plugin>
        <groupId>org.springframework.boot</groupId>
        <artifactId>spring-boot-maven-plugin</artifactId>
        <executions>
          <execution>
            <goals>
              <goal>repackage</goal>
            </goals>
          </execution>
        </executions>
      </plugin>
    </plugins>
  </build>
```

在 IDEA 项目终端下执行：

```
mvn package
```

即可在项目的 target 目录中得到项目 jar 包，可以对 jar 包更名、尝试运行以检查打包是否成功：

```
java -jar springbootTest1.jar
```

对于前后端分离项目的打包，步骤往往更多。如拿到一个 Spring Boot + Vue 的项目，打包的一般步骤为：

1）检查 Vue 项目中是否有 node_modules 文件，若存在该文件，则删除。

2）在 Vue 项目终端下先后执行 npm install 和 npm run build 命令打包，并将打包文件目录 dist 下除 index.html 外的其他所有文件复制到 Spring Boot 项目中的 src/main/resources/static 目录下（项目静态资源目录），将 dist/index.html 文件单独复制到 Spring Boot 项目中的 src/main/resources/templates 目录下（项目模板文件目录）。

3）在 Spring Boot 项目终端下执行 mvn package 命令打包，得到的 jar 包就是整个项目的 jar 包。

（2）编写 Dockerfile 文件

将项目 jar 包复制到工作节点中的某个目录下，在同级目录下编写 Dockerfile 文件，示例：

```
FROM openjdk
MAINTAINER uj
COPY springbootTest1.jar /opt
RUN chmod +x /opt/springbootTest1.jar
CMD java-jar /opt/springbootTest1.jar
```

（3）构建项目镜像

在 Dockerfile 文件所在目录下执行构建镜像命令：

```
# docker build -t (镜像命名) .
docker build -t springboottest1-jar .
```

可以查看是否创建成功：

```
docker images
```

删除镜像的命令：docker rmi（镜像名）。

4.2.2　创建 Deployment 控制器（在主节点上操作）

控制器用于管理 Pod，种类有很多，一般情况下常选用 Deployment 控制器。

为了快速得到 Deployment 配置文件的框架，我们可以执行创建 Deployment 的空运行测试，并将内容输出到 yaml 文件中：

```
kubectl create deployment springboottest1 --image=springboottest1-jar --dry-
  run-oyaml> deployment.yaml
```

deployment.yaml 文件中 containers 处需要手动添加一个 imagePullPolicy，因为是本地的镜像，所以设置为永不从网上拉取的策略（Never）。其他可选的配置项有很多，在第 3 章中已做过讲解。如此处我们在 containers 同层级手动添加指定节点部署的配置，添加这两个配置后，完整的 deployment.yaml 文件如下：

```
apiVersion: apps/v1
kind: Deployment
metadata:
  creationTimestamp: null
  labels:
    app: springboottest1
  name: springboottest1
spec:
  replicas: 1
  selector:
    matchLabels:
      app: springboottest1
  strategy: {}
  template:
    metadata:
      creationTimestamp: null
      labels:
        app: springboottest1
    spec:
      containers:
      - image: springboottest1-jar
        name: springboottest1-jar
        imagePullPolicy: Never
        resources: {}
        nodeSelector:
```

```
        node: k8s-node1
status: {}
```

然后执行部署：

```
kubectl apply -f deployment.yaml
```

可以查看是否创建成功：

```
kubectl get deploy
# 加后缀 -o wide 查看更多信息，可显示各 Pod 是运行在哪个节点上的
kubectl get pod -o wide
```

4.2.3　暴露服务端口（在主节点上操作）并尝试访问应用页面

通过 NodePort 方式暴露：

```
# kubectl expose deployment（控制器名）--port=8080（--target-port=）
  --type=NodePort
# 不指定 targetPort 时，targetPort 默认与 Port 值相同
kubectl expose deployment springboottest1 --port=8080 --type=NodePort
```

可以查看是否暴露成功：

```
kubectl get svc
```

只要主节点和实际运行应用的节点正常工作，使用集群中任何运行中的节点的 IP 地址都可以 IP:nodePort 的方式访问应用。若在集群内部访问，则还可以使用 Service 的 clusterIP:port 方式访问。

4.2.4　通过 Ingress 方式暴露（建议生产环境使用）

通过 NodePort 方式暴露后，我们可以选择再在外包装一层 Ingress。Ingress 需要单独安装，且有多种类型。本书选用 K8s 官方维护并推荐使用的 Ingress-nginx 进行讲解。Ingress-nginx 的工作原理是，在 Ingress 里创建诸多映射规则，Ingress Controller 通过监听这些规则并转化成 Nginx 的反向代理配置，然后对外提供服务。所以，最后在工作的是一个 Nginx，其内部配置了用户定义的请求转发规则。

以下是 Ingress-nginx 的工作过程。

1）用户编写 Ingress 规则，指名哪个域名对应 Kubernetes 集群中的哪个 Service。

2）Ingress Controller 动态感知 Ingress 规则的变化，然后生成对应的 Nginx 配置。

3）Ingress Controller 将生成的 Nginx 配置写入到一个运行着的 Nginx 服务中，并动态更新。

配置 Ingress-nginx 的步骤如下。

（1）部署 Ingress-nginx

访问 https://github.com/kubernetes/ingress-nginx/tree/main/deploy/static/provider/baremetal，选取 deploy.yaml 文件下载。得到文件后，把文件重命名为 ingress-nginx-deploy.yaml，指代更清楚。若按文件中的地址拉取相关镜像失败，则需要在 Docker Hub 中找到相同镜像并替换默认的地址。

如可在 1.3.0 版本替换两个镜像地址如下（文件全文搜索 image，找到要替换的地方）：

```
# ......
image: dyrnq/ingress-nginx-controller: v1.3.0
# ......
image: jettech/kube-webhook-certgen: v1.3.0
```

应用文件：

```
kubectl apply -f ingress-nginx-deploy.yaml
```

查看 Ingress 的状态：

```
kubectl get deploy -n ingress-nginx
kubectl get pod -n ingress-nginx
kubectl get svc -n ingress-nginx
```

（2）创建 Ingress 规则（使用 Https 代理）

创建私钥和证书：

```
openssl req -x509 -sha256 -nodes -newkey rsa: 2048 -keyout tls.key -out tls.
  crt -days 365 -subj"/C=CN/ST=SC/L=CD/O=K8s/CN=UJ"
```

创建 Secret：

```
kubectl create secret tls tls-secret --key tls.key --cert tls.crt
```

编写 ingress-nginx-rule.yaml 文件（若使用 Http 而非 Https 代理，则无 tls 部分，也不需要执行上述两步命令）：

```
apiVersion: networking.k8s.io/v1
kind: Ingress
metadata:
  name: k8s-ingress
  annotations:
    # 指定让这个 Ingress 通过 Ingress-nginx 来处理，在当前版本下，如果不添加就不会被
      ingress 控制器监控到，应用便无法访问
    kubernetes.io/ingress.class: "nginx"
spec:
  tls:
  - hosts:
    - test1.uj.com
```

```
    -nginx.uj.com  #之前还暴露了一个 nginx 服务，此处也一同配置一下
    secretName: tls-secret  #指定密钥
  rules:
  - host: test1.uj.com
    http:
      paths:
        - path: /
          pathType: Prefix
          backend:
            service:
              name: springboottest1
              port:
                number: 8080
  - host: nginx.uj.com
    http:
      paths:
        - path: /
          pathType: Prefix
          backend:
            service:
              name: nginx
              port:
                number: 80
```

注：注意该文件中的 port 是之前使用 expose 命令暴露的 port（集群内部访问集群中 Service 的端口）而非 NodePort（集群外部访问集群中 Service 的端口）。

应用该文件：

```
kubectl apply -f ingress-nginx-rule.yaml
```

应用该文件时，若报 webhook 的内部错误，则尝试执行：kubectl delete -A ValidatingWebhookConfiguration ingress-nginx-admission。造成此错误的原因大概率是删除上次的 ingress-nginx 时，未删除此文件。

然后查看 Ingress，根据显示的 ADDRESS 修改主节点的 hosts 文件，本次显示如下：

```
[root@k8s-master user]# kubectl get ing
NAME         CLASS    HOSTS                       ADDRESS          PORTS    AGE
k8s-ingress  <none>   test1.uj.com,nginx.uj.com   192.168.98.132   80, 443  14h
```

所以在 etc/hosts 文件中添加：

```
192.168.98.132 test1.uj.com
192.168.98.132 nginx.uj.com
```

在保证主节点和实际工作节点正常运行的情况下，此处的 IP 换成集群中其他正在运行的节点的 IP，同样可以成功访问，但不推荐。

然后即可在主节点进行访问，如：https://test1.uj.com:32349/38-springboot-k8s/和 https://nginx.uj.com:32349/（冒号后为 Ingress-nginx-controller 的 nodePort，使用 kubectl get svc -n ingress-nginx 命令查看）。

同理，在 Windows 系统中也可像这样配置 hosts，然后在命令行输入下方刷新 DNS 缓存命令后即可使用浏览器访问。

```
ipconfig /flushdns  # 刷新 DNS 缓存
```

注：Windows 11 系统的 hosts 文件默认路径为：C:\Windows\System32\drivers\etc\hosts。

附部署 Ingress-nginx 使用到的配置文件 ingress-nginx-deploy.yaml：

```
apiVersion: v1
kind: Namespace
metadata:
  labels:
    app.kubernetes.io/instance: ingress-nginx
    app.kubernetes.io/name: ingress-nginx
  name: ingress-nginx
---
apiVersion: v1
automountServiceAccountToken: true
kind: ServiceAccount
metadata:
  labels:
    app.kubernetes.io/component: controller
    app.kubernetes.io/instance: ingress-nginx
    app.kubernetes.io/name: ingress-nginx
    app.kubernetes.io/part-of: ingress-nginx
    app.kubernetes.io/version: 1.3.0
  name: ingress-nginx
  namespace: ingress-nginx
---
apiVersion: v1
kind: ServiceAccount
metadata:
  labels:
    app.kubernetes.io/component: admission-webhook
    app.kubernetes.io/instance: ingress-nginx
    app.kubernetes.io/name: ingress-nginx
    app.kubernetes.io/part-of: ingress-nginx
    app.kubernetes.io/version: 1.3.0
  name: ingress-nginx-admission
  namespace: ingress-nginx
---
apiVersion: rbac.authorization.k8s.io/v1
kind: Role
metadata:
```

```
  labels:
    app.kubernetes.io/component: controller
    app.kubernetes.io/instance: ingress-nginx
    app.kubernetes.io/name: ingress-nginx
    app.kubernetes.io/part-of: ingress-nginx
    app.kubernetes.io/version: 1.3.0
  name: ingress-nginx
  namespace: ingress-nginx
rules:
  - apiGroups:
    - ""
    resources:
    - namespaces
    verbs:
    - get
  - apiGroups:
    - ""
    resources:
    - configmaps
    - pods
    - secrets
    - endpoints
    verbs:
    - get
    - list
    - watch
  - apiGroups:
    - ""
    resources:
    - services
    verbs:
    - get
    - list
    - watch
  - apiGroups:
    - networking.k8s.io
    resources:
    - ingresses
    verbs:
    - get
    - list
    - watch
  - apiGroups:
    - networking.k8s.io
    resources:
    - ingresses/status
    verbs:
    - update
  - apiGroups:
    - networking.k8s.io
```

```
    resources:
    - ingressclasses
    verbs:
    - get
    - list
    - watch
  - apiGroups:
    - ""
    resourceNames:
    - ingress-controller-leader
    resources:
    - configmaps
    verbs:
    - get
    - update
  - apiGroups:
    - ""
    resources:
    - configmaps
    verbs:
    - create
  - apiGroups:
    - coordination.k8s.io
    resourceNames:
    - ingress-controller-leader
    resources:
    - leases
    verbs:
    - get
    - update
  - apiGroups:
    - coordination.k8s.io
    resources:
    - leases
    verbs:
    - create
  - apiGroups:
    - ""
    resources:
    - events
    verbs:
    - create
    - patch
---
apiVersion: rbac.authorization.k8s.io/v1
kind: Role
metadata:
  labels:
    app.kubernetes.io/component: admission-webhook
    app.kubernetes.io/instance: ingress-nginx
```

```
    app.kubernetes.io/name: ingress-nginx
    app.kubernetes.io/part-of: ingress-nginx
    app.kubernetes.io/version: 1.3.0
  name: ingress-nginx-admission
  namespace: ingress-nginx
rules:
- apiGroups:
  - ""
  resources:
  - secrets
  verbs:
  - get
  - create
---
apiVersion: rbac.authorization.k8s.io/v1
kind: ClusterRole
metadata:
  labels:
    app.kubernetes.io/instance: ingress-nginx
    app.kubernetes.io/name: ingress-nginx
    app.kubernetes.io/part-of: ingress-nginx
    app.kubernetes.io/version: 1.3.0
  name: ingress-nginx
rules:
- apiGroups:
  - ""
  resources:
  - configmaps
  - endpoints
  - nodes
  - pods
  - secrets
  - namespaces
  verbs:
  - list
  - watch
- apiGroups:
  - coordination.k8s.io
  resources:
  - leases
  verbs:
  - list
  - watch
- apiGroups:
  - ""
  resources:
  - nodes
  verbs:
  - get
- apiGroups:
```

```
  - ""
  resources:
  - services
  verbs:
  - get
  - list
  - watch
- apiGroups:
  - networking.k8s.io
  resources:
  - ingresses
  verbs:
  - get
  - list
  - watch
- apiGroups:
  - ""
  resources:
  - events
  verbs:
  - create
  - patch
- apiGroups:
  - networking.k8s.io
  resources:
  - ingresses/status
  verbs:
  - update
- apiGroups:
  - networking.k8s.io
  resources:
  - ingressclasses
  verbs:
  - get
  - list
  - watch
---
apiVersion: rbac.authorization.k8s.io/v1
kind: ClusterRole
metadata:
  labels:
    app.kubernetes.io/component: admission-webhook
    app.kubernetes.io/instance: ingress-nginx
    app.kubernetes.io/name: ingress-nginx
    app.kubernetes.io/part-of: ingress-nginx
    app.kubernetes.io/version: 1.3.0
  name: ingress-nginx-admission
rules:
- apiGroups:
  - admissionregistration.k8s.io
```

```
  resources:
  - validatingwebhookconfigurations
  verbs:
  - get
  - update
---
apiVersion: rbac.authorization.k8s.io/v1
kind: RoleBinding
metadata:
  labels:
    app.kubernetes.io/component: controller
    app.kubernetes.io/instance: ingress-nginx
    app.kubernetes.io/name: ingress-nginx
    app.kubernetes.io/part-of: ingress-nginx
    app.kubernetes.io/version: 1.3.0
  name: ingress-nginx
  namespace: ingress-nginx
roleRef:
  apiGroup: rbac.authorization.k8s.io
  kind: Role
  name: ingress-nginx
subjects:
- kind: ServiceAccount
  name: ingress-nginx
  namespace: ingress-nginx
---
apiVersion: rbac.authorization.k8s.io/v1
kind: RoleBinding
metadata:
  labels:
    app.kubernetes.io/component: admission-webhook
    app.kubernetes.io/instance: ingress-nginx
    app.kubernetes.io/name: ingress-nginx
    app.kubernetes.io/part-of: ingress-nginx
    app.kubernetes.io/version: 1.3.0
  name: ingress-nginx-admission
  namespace: ingress-nginx
roleRef:
  apiGroup: rbac.authorization.k8s.io
  kind: Role
  name: ingress-nginx-admission
subjects:
- kind: ServiceAccount
  name: ingress-nginx-admission
  namespace: ingress-nginx
---
apiVersion: rbac.authorization.k8s.io/v1
kind: ClusterRoleBinding
metadata:
  labels:
```

```
      app.kubernetes.io/instance: ingress-nginx
      app.kubernetes.io/name: ingress-nginx
      app.kubernetes.io/part-of: ingress-nginx
      app.kubernetes.io/version: 1.3.0
  name: ingress-nginx
roleRef:
  apiGroup: rbac.authorization.k8s.io
  kind: ClusterRole
  name: ingress-nginx
subjects:
- kind: ServiceAccount
  name: ingress-nginx
  namespace: ingress-nginx
---
apiVersion: rbac.authorization.k8s.io/v1
kind: ClusterRoleBinding
metadata:
  labels:
    app.kubernetes.io/component: admission-webhook
    app.kubernetes.io/instance: ingress-nginx
    app.kubernetes.io/name: ingress-nginx
    app.kubernetes.io/part-of: ingress-nginx
    app.kubernetes.io/version: 1.3.0
  name: ingress-nginx-admission
roleRef:
  apiGroup: rbac.authorization.k8s.io
  kind: ClusterRole
  name: ingress-nginx-admission
subjects:
- kind: ServiceAccount
  name: ingress-nginx-admission
  namespace: ingress-nginx
---
apiVersion: v1
data:
  allow-snippet-annotations: "true"
kind: ConfigMap
metadata:
  labels:
    app.kubernetes.io/component: controller
    app.kubernetes.io/instance: ingress-nginx
    app.kubernetes.io/name: ingress-nginx
    app.kubernetes.io/part-of: ingress-nginx
    app.kubernetes.io/version: 1.3.0
  name: ingress-nginx-controller
  namespace: ingress-nginx
---
apiVersion: v1
kind: Service
metadata:
```

```
  labels:
    app.kubernetes.io/component: controller
    app.kubernetes.io/instance: ingress-nginx
    app.kubernetes.io/name: ingress-nginx
    app.kubernetes.io/part-of: ingress-nginx
    app.kubernetes.io/version: 1.3.0
  name: ingress-nginx-controller
  namespace: ingress-nginx
spec:
  ipFamilies:
  - IPv4
  ipFamilyPolicy: SingleStack
  ports:
  - appProtocol: http
    name: http
    port: 80
    protocol: TCP
    targetPort: http
  - appProtocol: https
    name: https
    port: 443
    protocol: TCP
    targetPort: https
  selector:
    app.kubernetes.io/component: controller
    app.kubernetes.io/instance: ingress-nginx
    app.kubernetes.io/name: ingress-nginx
  type: NodePort
---
apiVersion: v1
kind: Service
metadata:
  labels:
    app.kubernetes.io/component: controller
    app.kubernetes.io/instance: ingress-nginx
    app.kubernetes.io/name: ingress-nginx
    app.kubernetes.io/part-of: ingress-nginx
    app.kubernetes.io/version: 1.3.0
  name: ingress-nginx-controller-admission
  namespace: ingress-nginx
spec:
  ports:
  - appProtocol: https
    name: https-webhook
    port: 443
    targetPort: webhook
  selector:
    app.kubernetes.io/component: controller
    app.kubernetes.io/instance: ingress-nginx
    app.kubernetes.io/name: ingress-nginx
```

```
  type: ClusterIP
---
apiVersion: apps/v1
kind: Deployment
metadata:
  labels:
    app.kubernetes.io/component: controller
    app.kubernetes.io/instance: ingress-nginx
    app.kubernetes.io/name: ingress-nginx
    app.kubernetes.io/part-of: ingress-nginx
    app.kubernetes.io/version: 1.3.0
  name: ingress-nginx-controller
  namespace: ingress-nginx
spec:
  minReadySeconds: 0
  revisionHistoryLimit: 10
  selector:
    matchLabels:
      app.kubernetes.io/component: controller
      app.kubernetes.io/instance: ingress-nginx
      app.kubernetes.io/name: ingress-nginx
  template:
    metadata:
      labels:
        app.kubernetes.io/component: controller
        app.kubernetes.io/instance: ingress-nginx
        app.kubernetes.io/name: ingress-nginx
    spec:
      containers:
      - args:
        - /nginx-ingress-controller
        - --election-id=ingress-controller-leader
        - --controller-class=k8s.io/ingress-nginx
        - --ingress-class=nginx
        - --configmap=$(POD_NAMESPACE)/ingress-nginx-controller
        - --validating-webhook=: 8443
        - --validating-webhook-certificate=/usr/local/certificates/cert
        - --validating-webhook-key=/usr/local/certificates/key
        env:
        - name: POD_NAME
          valueFrom:
            fieldRef:
              fieldPath: metadata.name
        - name: POD_NAMESPACE
          valueFrom:
            fieldRef:
              fieldPath: metadata.namespace
        - name: LD_PRELOAD
          value: /usr/local/lib/libmimalloc.so
        image: registry.k8s.io/ingress-nginx/controller: v1.3.0@sha256: d1707c
```

```
  a76d3b044ab8a28277a2466a02100ee9f58a86af1535a3edf9323ea1b5
imagePullPolicy: IfNotPresent
lifecycle:
  preStop:
    exec:
      command:
      - /wait-shutdown
livenessProbe:
  failureThreshold: 5
  httpGet:
    path: /healthz
    port: 10254
    scheme: HTTP
  initialDelaySeconds: 10
  periodSeconds: 10
  successThreshold: 1
  timeoutSeconds: 1
name: controller
ports:
- containerPort: 80
  name: http
  protocol: TCP
- containerPort: 443
  name: https
  protocol: TCP
- containerPort: 8443
  name: webhook
  protocol: TCP
readinessProbe:
  failureThreshold: 3
  httpGet:
    path: /healthz
    port: 10254
    scheme: HTTP
  initialDelaySeconds: 10
  periodSeconds: 10
  successThreshold: 1
  timeoutSeconds: 1
resources:
  requests:
    cpu: 100m
    memory: 90Mi
securityContext:
  allowPrivilegeEscalation: true
  capabilities:
    add:
    - NET_BIND_SERVICE
    drop:
    - ALL
  runAsUser: 101
```

```
          volumeMounts:
          -mountPath: /usr/local/certificates/
            name: webhook-cert
            readOnly: true
        dnsPolicy: ClusterFirst
        nodeSelector:
          kubernetes.io/os: linux
        serviceAccountName: ingress-nginx
        terminationGracePeriodSeconds: 300
        volumes:
        - name: webhook-cert
          secret:
            secretName: ingress-nginx-admission
---
apiVersion: batch/v1
kind: Job
metadata:
  labels:
    app.kubernetes.io/component: admission-webhook
    app.kubernetes.io/instance: ingress-nginx
    app.kubernetes.io/name: ingress-nginx
    app.kubernetes.io/part-of: ingress-nginx
    app.kubernetes.io/version: 1.3.0
  name: ingress-nginx-admission-create
  namespace: ingress-nginx
spec:
  template:
    metadata:
      labels:
        app.kubernetes.io/component: admission-webhook
        app.kubernetes.io/instance: ingress-nginx
        app.kubernetes.io/name: ingress-nginx
        app.kubernetes.io/part-of: ingress-nginx
        app.kubernetes.io/version: 1.3.0
      name: ingress-nginx-admission-create
    spec:
      containers:
      - args:
        - create
        - --host=ingress-nginx-controller-admission,ingress-nginx-controller-
            admission.$(POD_NAMESPACE).svc
        - --namespace=$(POD_NAMESPACE)
        - --secret-name=ingress-nginx-admission
        env:
        - name: POD_NAMESPACE
          valueFrom:
            fieldRef:
              fieldPath: metadata.namespace
        image: registry.k8s.io/ingress-nginx/kube-webhook-certgen: v1.3.0@sha256:
          549e71a6ca248c5abd51cdb73dbc3083df62cf92ed5e6147c780e30f7e007a47
```

```
        imagePullPolicy: IfNotPresent
        name: create
        securityContext:
          allowPrivilegeEscalation: false
      nodeSelector:
        kubernetes.io/os: linux
      restartPolicy: OnFailure
      securityContext:
        fsGroup: 2000
        runAsNonRoot: true
        runAsUser: 2000
      serviceAccountName: ingress-nginx-admission
---
apiVersion: batch/v1
kind: Job
metadata:
  labels:
    app.kubernetes.io/component: admission-webhook
    app.kubernetes.io/instance: ingress-nginx
    app.kubernetes.io/name: ingress-nginx
    app.kubernetes.io/part-of: ingress-nginx
    app.kubernetes.io/version: 1.3.0
  name: ingress-nginx-admission-patch
  namespace: ingress-nginx
spec:
  template:
    metadata:
      labels:
        app.kubernetes.io/component: admission-webhook
        app.kubernetes.io/instance: ingress-nginx
        app.kubernetes.io/name: ingress-nginx
        app.kubernetes.io/part-of: ingress-nginx
        app.kubernetes.io/version: 1.3.0
      name: ingress-nginx-admission-patch
    spec:
      containers:
      - args:
        - patch
        - --webhook-name=ingress-nginx-admission
        - --namespace=$(POD_NAMESPACE)
        - --patch-mutating=false
        - --secret-name=ingress-nginx-admission
        - --patch-failure-policy=Fail
        env:
        - name: POD_NAMESPACE
          valueFrom:
            fieldRef:
              fieldPath: metadata.namespace
        image: registry.k8s.io/ingress-nginx/kube-webhook-certgen: v1.3.0@
          sha256: 549e71a6ca248c5abd51cdb73dbc3083df62cf92ed5e6147c780e30f7e00
```

```
          7a47
        imagePullPolicy: IfNotPresent
        name: patch
        securityContext:
          allowPrivilegeEscalation: false
      nodeSelector:
        kubernetes.io/os: linux
      restartPolicy: OnFailure
      securityContext:
        fsGroup: 2000
        runAsNonRoot: true
        runAsUser: 2000
      serviceAccountName: ingress-nginx-admission
---
apiVersion: networking.k8s.io/v1
kind: IngressClass
metadata:
  labels:
    app.kubernetes.io/component: controller
    app.kubernetes.io/instance: ingress-nginx
    app.kubernetes.io/name: ingress-nginx
    app.kubernetes.io/part-of: ingress-nginx
    app.kubernetes.io/version: 1.3.0
  name: nginx
spec:
  controller: k8s.io/ingress-nginx
---
apiVersion: admissionregistration.k8s.io/v1
kind: ValidatingWebhookConfiguration
metadata:
  labels:
    app.kubernetes.io/component: admission-webhook
    app.kubernetes.io/instance: ingress-nginx
    app.kubernetes.io/name: ingress-nginx
    app.kubernetes.io/part-of: ingress-nginx
    app.kubernetes.io/version: 1.3.0
  name: ingress-nginx-admission
webhooks:
- admissionReviewVersions:
  - v1
  clientConfig:
    service:
      name: ingress-nginx-controller-admission
      namespace: ingress-nginx
      path: /networking/v1/ingresses
  failurePolicy: Fail
  matchPolicy: Equivalent
  name: validate.nginx.ingress.kubernetes.io
  rules:
  - apiGroups:
```

```
    - networking.k8s.io
    apiVersions:
    - v1
    operations:
    - CREATE
    - UPDATE
    resources:
    - ingresses
  sideEffects: None
```

4.3 部署 Dashboard 可视化管理界面

4.3.1 Dashboard 介绍

在此之前，我们在 Kubernetes 集群中进行的大量配置操作和相关资源的信息查询都是借助 kubectl 工具，在命令行输入命令完成的。此外，Kubernetes 官方还提供了一个图形化的 Web 用户界面——Dashboard。Dashboard 本意是汽车上的仪表板，在这里我们也习惯称之为仪表板，形象地表明了这一应用能以优雅的可视化界面展示 Kubernetes 集群中的各项信息。除查询功能之外，用户还可以借助 Dashboard 工具创建和修改 Kubernetes 资源，根据 Dashboard 展示的报错信息进行排错。

在部署好 Dashboard，并以授权用户身份登录后，我们就可以使用 Dashboard 将容器化应用部署到 Kubernetes 集群中并管理集群资源了。我们可以在 Dashboard 中获取集群中各种资源的基本信息，编辑 Deployment 等 Kubernetes 资源的配置信息，例如扩缩容、设置滚动更新、重启 Pod、创建新应用等。Dashboard 还展示了当前 Kubernetes 集群中所有的报错信息。

4.3.2 Dashboard 部署

首先下载官方的推荐配置文件，下载地址：https://raw.githubusercontent.com/kubernetes/dashboard/v2.5.0/aio/deploy/recommended.yaml。

我们更希望能在集群外对 Dashboard 进行访问，故修改文件中的 Service 类型为 NodePort，修改部分示例如下：

```
kind: Service
apiVersion: v1
metadata:
  labels:
    k8s-app: kubernetes-dashboard
  name: kubernetes-dashboard
  namespace: kubernetes-dashboard
spec:
```

```
  type: NodePort  #新增
  ports:
    - port: 443
      targetPort: 8443
      nodePort: 30000  #新增
  selector:
    k8s-app: kubernetes-dashboard
```

修改后在主节点进行部署命令，部署后可以查看一下 Dashboard 相关资源状态是否正常：

```
//使用配置文件创建相关资源
[root@k8s-master user]# kubectl create -f recommended.yaml
namespace/kubernetes-dashboard created
serviceaccount/kubernetes-dashboard created
service/kubernetes-dashboard created
secret/kubernetes-dashboard-certs created
secret/kubernetes-dashboard-csrf created
secret/kubernetes-dashboard-key-holder created
configmap/kubernetes-dashboard-settings created
role.rbac.authorization.k8s.io/kubernetes-dashboard created
clusterrole.rbac.authorization.k8s.io/kubernetes-dashboard created
rolebinding.rbac.authorization.k8s.io/kubernetes-dashboard created
clusterrolebinding.rbac.authorization.k8s.io/kubernetes-dashboard created
deployment.apps/kubernetes-dashboard created
service/dashboard-metrics-scraper created
deployment.apps/dashboard-metrics-scraper created
//查看相关资源
[root@k8s-master user]# kubectl get pod,svc -n kubernetes-dashboard
NAME                                            READY   STATUS    RESTARTS   AGE
pod/dashboard-metrics-scraper-799d786dbf-5tvbd  1/1     Running   0          56s
pod/kubernetes-dashboard-546cbc58cd-wktx5       1/1     Running   0          56s

NAME                                    TYPE          CLUSTER-IP     EXTERNAL-
  IP PORT(S) AGE
service/dashboard-metrics-scraper ClusterIP  10.104.232.219 <none>     8000/
  TCP   56s
service/kubernetes-dashboard NodePort       10.102.86.140 <none>    443: 30000/
  TCP   56s
```

4.3.3　创建授权用户并登录

（1）编写 dashboard-admin.yaml 文件，以创建授权用户：

```
apiVersion: v1
kind: ServiceAccount
metadata:
  name: uj
  namespace: kubernetes-dashboard
```

```
---

apiVersion: rbac.authorization.k8s.io/v1
kind: ClusterRoleBinding
metadata:
  name: uj
roleRef:
  apiGroup: rbac.authorization.k8s.io
  kind: ClusterRole
  name: cluster-admin
subjects:
- kind: ServiceAccount
  name: uj
  namespace: kubernetes-dashboard
```

使用该文件：

```
[root@k8s-master user]# kubectl create -f dashboard-admin.yaml
serviceaccount/uj created
clusterrolebinding.rbac.authorization.k8s.io/uj created
```

（2）获取 token

```
## 方法一
[root@k8s-master user]# kubectl-n kubernetes-dashboard describe \secret
   $(kubectl-n kubernetes-dashboard get secret |grep uj |awk'{print $1}')
Name:            uj-token-xmvl5
Namespace:       kubernetes-dashboard
Labels:          <none>
Annotations:     kubernetes.io/service-account.name: uj
                 kubernetes.io/service-account.uid: a53e6cdf-267f-4e2e-96af-
                   8cd0fff24a5e

Type: kubernetes.io/service-account-token

Data
====
token: eyJhbGciOiJSUzI1NiIsImtpZCI6Ink0SnBIQlhRWU1LeUp2Qk9yYUtaZzlHdDVreDU1U3N
  nLWlsSzQ2cjhPc0UifQ.eyJpc3MiOiJrdWJlcm5ldGVzL3NlcnZpY2VhY2NvdW50Iiwia3ViZXJu
  ZXRlcy5pby9zZXJ2aWNlYWNjb3VudC9uYW1lc3BhY2UiOiJrdWJlcm5ldGVzLWRhc2hib2FyZCIs
  Imt1YmVybmV0ZXMuaW8vc2VydmljZWFjY291bnQvc2VjcmV0Lm5hbWUiOiJ1ai10b2tlbi14bXZs
  NSIsImt1YmVybmV0ZXMuaW8vc2VydmljZWFjY291bnQvc2VydmljZS1hY2NvdW50Lm5hbWUiOiJ1
  aiIsImt1YmVybmV0ZXMuaW8vc2VydmljZWFjY291bnQvc2VydmljZS1hY2NvdW50LnVpZCI6ImE1
  M2U2Y2RmLTI2N2YtNGUyZS05NmFmLThjZDBmZmYyNGE1ZSIsInN1YiI6InN5c3RlbTpzZXJ2aWNl
  YWNjb3VudDprdWJlcm5ldGVzLWRhc2hib2FyZDp1aiJ9.E0Kdn26SUVQBmyaI4XxkhaxSr5asbvR
  iQ2ypuup1JYCoE8-2CEIKPFAlppN_wqM1Ziqkq7EAiWtIG8Szqz6Agxnb_OjbiJw_aII9ejNZ4iQ
  7SO4ogIAF5U8aq3obZPS1eMs9HFa07Rw-6psGjzo_Rf6U1wCJYw4dfnGzZlMvp_XUI8zTuSuEiM4
  VNYK41CPYyfbY3yVix8VqkZ52g7-NkTPcIlqIC7aZ33zpXYrshUM4M8-P_YHafmTN9Jb8xzMiIZ
```

```
  N3q6mowD6qQ4THCI0mXbi68tc9aXn-pELDBA_STTX_zPAFTufE4uzpoBEL6jsBYUOdyIggws4P_
  FU0J2W7xw
ca.crt:   1099 bytes
namespace:  20 bytes

## 方法二
# 查看 token 编号
[root@k8s-master user]# kubectl get secrets --all-namespaces|grep-i uj
kube-system           uj-token-g6bk9   kubernetes.io/service-account-token   3    127d
kubernetes-dashboard  uj-token-xmvl5   kubernetes.io/service-account-token   3    4m14s
# 根据显示的编号获取 token
[root@k8s-master user]# kubectl describe secret/uj-token-xmvl5 -n kubernetes-
  dashboard
Name:            uj-token-xmvl5
Namespace:       kubernetes-dashboard
Labels:          <none>
Annotations:     kubernetes.io/service-account.name: uj
                 kubernetes.io/service-account.uid: a53e6cdf-267f-4e2e-96af-
                   8cd0fff24a5e

Type: kubernetes.io/service-account-token

Data
====
ca.crt:   1099 bytes
namespace:        20 bytes
token: eyJhbGciOiJSUzI1NiIsImtpZCI6Ink0SnBIQlhRWU1LeUp2Qk9yYUtaZzlHdDVreDU1U3N
  nLWlsSzQ2cjhPc0UifQ.eyJpc3MiOiJrdWJlcm5ldGVzL3NlcnZpY2VhY2NvdW50Iiwia3ViZXJu
  ZXRlcy5pby9zZXJ2aWNlYWNjb3VudC9uYW1lc3BhY2UiOiJrdWJlcm5ldGVzLWRhc2hib2FyZCIs
  Imt1YmVybmV0ZXMuaW8vc2VydmljZWFjY291bnQvc2VjcmV0Lm5hbWUiOiJ1ai10b2tlbi14bXZs
  NSIsImt1YmVybmV0ZXMuaW8vc2VydmljZWFjY291bnQvc2VydmljZS1hY2NvdW50Lm5hbWUiOiJ1
  aiIsImt1YmVybmV0ZXMuaW8vc2VydmljZWFjY291bnQvc2VydmljZS1hY2NvdW50LnVpZCI6ImE1
  M2U2Y2RmLTI2N2YtNGUyZS05NmFmLThjZDBmZmYyNGE1ZSIsInN1YiI6InN5c3RlbTpzZXJ2aWNl
  YWNjb3VudDprdWJlcm5ldGVzLWRhc2hib2FyZDp1aiJ9.E0Kdn26SUVQBmyaI4XxkhaxSr5asbvR
  iQ2ypuup1JYCoE8-2CEIKPFAlppN_wqM1Ziqkq7EAiWtIG8Szqz6Agxnb_OjbiJw_aII9ejNZ4iQ
  7SO4ogIAF5U8aq3obZPS1eMs9HFa07Rw-6psGjzo_Rf6U1wCJYw4dfnGzZlMvp_XUI8zTuSuEiM4
  VNYK41CPYyfbY3yVix8VqkZ52g7-NkTPcIlqIC7aZ33zpXYrshUM4M8-P_YHafmTN9Jb8xzMiIZ
  N3q6mowD6qQ4THCI0mXbi68tc9aXn-pELDBA_STTX_zPAFTufE4uzpoBEL6jsBYUOdyIggws4P_
  FU0J2W7xw
```

（3）使用得到的 token 访问 Dashboard

根据之前已知的主节点 IP 和 Dashboard 服务暴露的端口，我们访问 https://192.168.98.131:30000/（主节点 IP：Dash board 服务端口）即可进入 Dashboard 登录页面，如图 4-1 所示。

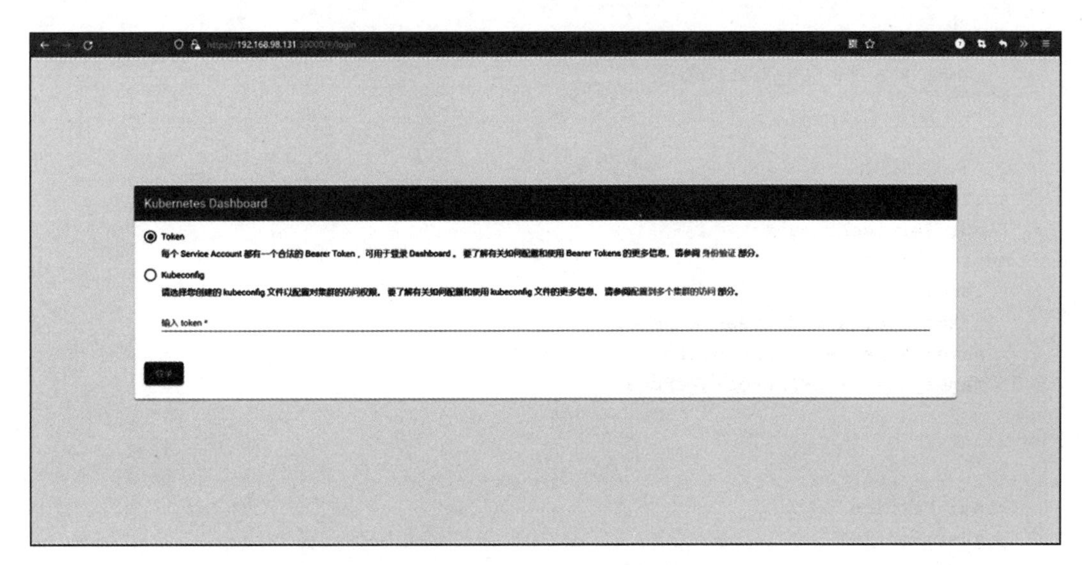

图 4-1　Dashboard 登录页面

页面提示我们可以使用 token 或 Kubeconfig 两种方式登录 Dashboard，这里我们选择 token 方式即可，然后将我们刚才得到的 token 复制进下面的文本框中，单击登录即可进入 Dashboard 管理页面，如图 4-2 所示。

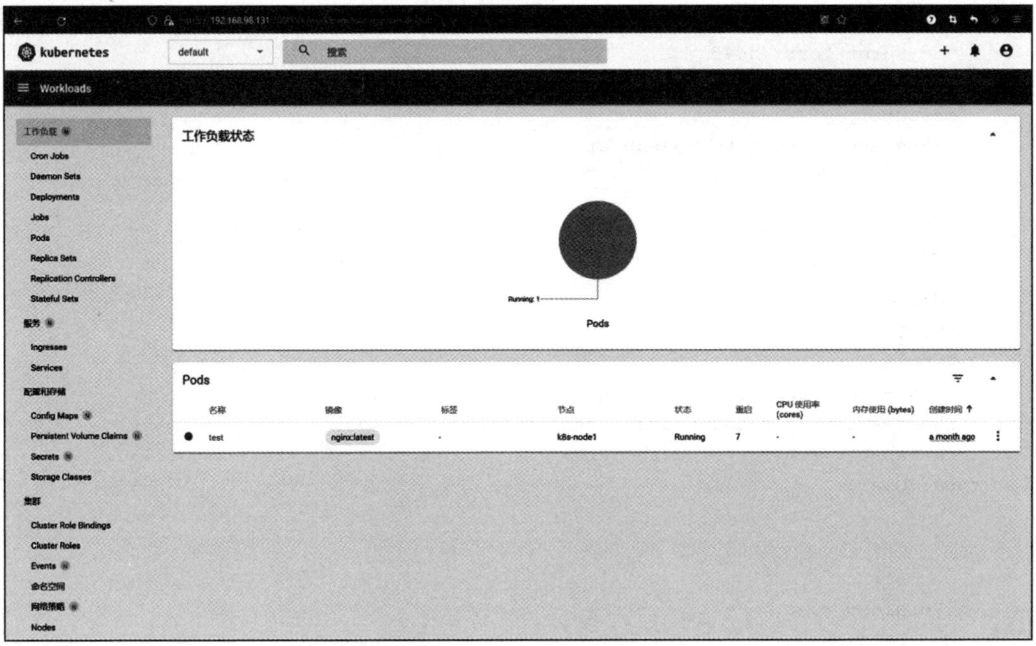

图 4-2　Dashboard 管理页面

附 4.3.1 小节中使用到的修改后的 Dashboard 配置文件 recommended.yaml：

```
apiVersion: v1
kind: Namespace
```

```
metadata:
  name: kubernetes-dashboard

---

apiVersion: v1
kind: ServiceAccount
metadata:
  labels:
    k8s-app: kubernetes-dashboard
  name: kubernetes-dashboard
  namespace: kubernetes-dashboard

---

kind: Service
apiVersion: v1
metadata:
  labels:
    k8s-app: kubernetes-dashboard
  name: kubernetes-dashboard
  namespace: kubernetes-dashboard
spec:
  type: NodePort
  ports:
    - port: 443
      targetPort: 8443
      nodePort: 30000
  selector:
    k8s-app: kubernetes-dashboard

---

apiVersion: v1
kind: Secret
metadata:
  labels:
    k8s-app: kubernetes-dashboard
  name: kubernetes-dashboard-certs
  namespace: kubernetes-dashboard
type: Opaque

---

apiVersion: v1
kind: Secret
metadata:
  labels:
    k8s-app: kubernetes-dashboard
  name: kubernetes-dashboard-csrf
  namespace: kubernetes-dashboard
type: Opaque
```

```
data:
  csrf: ""

---

apiVersion: v1
kind: Secret
metadata:
  labels:
    k8s-app: kubernetes-dashboard
  name: kubernetes-dashboard-key-holder
  namespace: kubernetes-dashboard
type: Opaque

---

kind: ConfigMap
apiVersion: v1
metadata:
  labels:
    k8s-app: kubernetes-dashboard
  name: kubernetes-dashboard-settings
  namespace: kubernetes-dashboard

---

kind: Role
apiVersion: rbac.authorization.k8s.io/v1
metadata:
  labels:
    k8s-app: kubernetes-dashboard
  name: kubernetes-dashboard
  namespace: kubernetes-dashboard
rules:
  # 允许 Dashboard 获取、更新和删除 Dashboard 特定 secrets
  - apiGroups: [""]
    resources: ["secrets"]
    resourceNames:  ["kubernetes-dashboard-key-holder","kubernetes-dashboard-
        certs","kubernetes-dashboard-csrf"]
    verbs: ["get","update","delete"]
    # 允许 Dashboard 获取和更新 kubernetes-dashboard-settings 的 configmaps
  - apiGroups: [""]
    resources: ["configmaps"]
    resourceNames: ["kubernetes-dashboard-settings"]
    verbs: ["get", "update"]
    # 允许 Dashboard 获取 metrics
  - apiGroups: [""]
    resources: ["services"]
    resourceNames: ["heapster", "dashboard-metrics-scraper"]
    verbs: ["proxy"]
  - apiGroups: [""]
```

```
    resources: ["services/proxy"]
    resourceNames: ["heapster", "http: heapster:", "https: heapster:",
      "dashboard-metrics-scraper", "http: dashboard-metrics-scraper"]
    verbs: ["get"]

---

kind: ClusterRole
apiVersion: rbac.authorization.k8s.io/v1
metadata:
  labels:
    k8s-app: kubernetes-dashboard
  name: kubernetes-dashboard
rules:
  # 允许Metrics Scraper从Metrics服务器获取metrics
  - apiGroups: ["metrics.k8s.io"]
    resources: ["pods","nodes"]
    verbs: ["get","list","watch"]

---

apiVersion: rbac.authorization.k8s.io/v1
kind: RoleBinding
metadata:
  labels:
    k8s-app: kubernetes-dashboard
  name: kubernetes-dashboard
  namespace: kubernetes-dashboard
roleRef:
  apiGroup: rbac.authorization.k8s.io
  kind: Role
  name: kubernetes-dashboard
subjects:
  - kind: ServiceAccount
    name: kubernetes-dashboard
    namespace: kubernetes-dashboard

---

apiVersion: rbac.authorization.k8s.io/v1
kind: ClusterRoleBinding
metadata:
  name: kubernetes-dashboard
roleRef:
  apiGroup: rbac.authorization.k8s.io
  kind: ClusterRole
  name: kubernetes-dashboard
subjects:
  - kind: ServiceAccount
    name: kubernetes-dashboard
```

```
    namespace: kubernetes-dashboard

---

kind: Deployment
apiVersion: apps/v1
metadata:
  labels:
    k8s-app: kubernetes-dashboard
  name: kubernetes-dashboard
  namespace: kubernetes-dashboard
spec:
  replicas: 1
  revisionHistoryLimit: 10
  selector:
    matchLabels:
      k8s-app: kubernetes-dashboard
  template:
    metadata:
      labels:
        k8s-app: kubernetes-dashboard
    spec:
      securityContext:
        seccompProfile:
          type: RuntimeDefault
      containers:
        - name: kubernetes-dashboard
          image: kubernetesui/dashboard: v2.5.0
          imagePullPolicy: Always
          ports:
            - containerPort: 8443
              protocol: TCP
          args:
            - --auto-generate-certificates
            - --namespace=kubernetes-dashboard
          volumeMounts:
            - name: kubernetes-dashboard-certs
              mountPath: /certs
              # 创建磁盘卷以存储执行日志
            - mountPath: /tmp
              name: tmp-volume
          livenessProbe:
            httpGet:
              scheme: HTTPS
              path: /
              port: 8443
            initialDelaySeconds: 30
            timeoutSeconds: 30
          securityContext:
            allowPrivilegeEscalation: false
```

```
            readOnlyRootFilesystem: true
            runAsUser: 1001
            runAsGroup: 2001
      volumes:
        - name: kubernetes-dashboard-certs
          secret:
            secretName: kubernetes-dashboard-certs
        - name: tmp-volume
          emptyDir: {}
      serviceAccountName: kubernetes-dashboard
      nodeSelector:
        "kubernetes.io/os": linux
      # 若因特殊要求，Dashboard 不在主节点上部署的话，请注释掉以下 tolerations
      tolerations:
        - key: node-role.kubernetes.io/master
          effect: NoSchedule

---

kind: Service
apiVersion: v1
metadata:
  labels:
    k8s-app: dashboard-metrics-scraper
  name: dashboard-metrics-scraper
  namespace: kubernetes-dashboard
spec:
  ports:
    - port: 8000
      targetPort: 8000
  selector:
    k8s-app: dashboard-metrics-scraper

---

kind: Deployment
apiVersion: apps/v1
metadata:
  labels:
    k8s-app: dashboard-metrics-scraper
  name: dashboard-metrics-scraper
  namespace: kubernetes-dashboard
spec:
  replicas: 1
  revisionHistoryLimit: 10
  selector:
    matchLabels:
      k8s-app: dashboard-metrics-scraper
  template:
    metadata:
```

```
      labels:
        k8s-app: dashboard-metrics-scraper
    spec:
      securityContext:
        seccompProfile:
          type: RuntimeDefault
      containers:
        - name: dashboard-metrics-scraper
          image: kubernetesui/metrics-scraper: v1.0.7
          ports:
            -containerPort: 8000
              protocol: TCP
          livenessProbe:
            httpGet:
              scheme: HTTP
              path: /
              port: 8000
            initialDelaySeconds: 30
            timeoutSeconds: 30
          volumeMounts:
          - mountPath: /tmp
            name: tmp-volume
          securityContext:
            allowPrivilegeEscalation: false
            readOnlyRootFilesystem: true
            runAsUser: 1001
            runAsGroup: 2001
      serviceAccountName: kubernetes-dashboard
      nodeSelector:
        "kubernetes.io/os": linux
      # 若因特殊要求，Dashboard不在主节点上部署的话，请注释掉以下tolerations
      tolerations:
        - key: node-role.kubernetes.io/master
          effect: NoSchedule
      volumes:
        - name: tmp-volume
          emptyDir: {}
```

本章小结

本章我们详细讲解了从准备 Kubernetes 基本环境到搭建 Kubernetes 集群，再到部署应用到集群上的全流程。此外，还介绍了 Kubernetes 集群可视化管理工具 Dashboard 的相关知识与部署方式，可供大家选用。我们的示例几乎是 Kubernetes 的最普遍应用（目前 Spring Boot 应用在行业内极其普遍）。通过对本章的学习与练习，可以帮助读者提高独立在计算机上搭建 Kubernetes 集群并在集群中部署简单应用的能力。为处理好一些更为复杂的情况，我们会在下一章对一些使用的进阶性知识作讲解。

章末练习

4-1 命令 kubeadm token create --print-join-command 的作用是（　　）。

A. 查看 node 节点加入集群需要执行的指令

B. 查看 Kubernetes 集群的证书

C. 查看 kubeadm 软件版本的详细信息

D. 查看当前集群的所有节点信息

4-2 请通过对我们介绍的方法的学习，自己动手搭建一个 Kubernetes 集群，并编写相关配置文件，部署一个应用程序到自己搭建的 Kubernetes 集群上（可以在单机上使用虚拟机模拟多节点）。

4-3 请简述 Ingress-nginx 的工作过程。

4-4 除了 Dashboard 之外，Kubernetes 还有很多优秀的可视化管理工具，请了解这些工具。通过体验与对比命令行和可视化界面两种管理集群的方式，结合这两种方式的不同特点，请思考两者各有什么优劣。

第 5 章　Kubernetes 的进阶使用

5.1　Kubernetes API 访问控制

5.1.1　访问控制机制

为了提升集群的安全性，构建一个可靠的分布式系统，Kubernetes 对各种请求会进行认证（Authentication）和鉴权（Authorization）操作。

在 Kubernetes 集群中，账号分为两类：用户账号（User Account）和服务账号（Service Account）。用户账号是为人类用户设计的，具有全局性，即用户账号名在集群中是唯一的，不受命名空间的隔离。服务账号是为运行在 Pod 中的应用进程设计的，用于为 Pod 中的服务进程在访问 Kubernetes 时提供身份标识。服务账号基于命名空间而无全局性，不同的命名空间中可以有相同名称的服务账号。

在实际应用场景中，集群的用户账号可能会与企业数据库进行同步，而在企业数据库中创建新用户往往需要特权，并且涉及复杂的业务流程。对于服务账号来说，账号的创建就有意被设计得更轻量，允许集群用户为具体的任务按需创建服务账号。这样将服务账号的创建与新用户注册的步骤分离开，使得工作负载更易于遵从权限最小化原则。

本书 3.1.4 节中提到过，主节点组件 kube-apiserver 是访问和管理资源对象的唯一入口。一个请求访问 kube-apiserver，要经过认证、鉴权、准入控制三个流程。

5.1.2　认证

Kubernetes 支持的客户端身份认证方式有很多，本书介绍常用的三种方式：基础的 HTTP 认证、通过传入 HTTP header 的令牌进行认证、通过 HTTPS 证书进行认证。下面分别对这三种认证方式进行简单介绍。

1）基础的 HTTP 认证是通过用户名 + 密码的方式进行认证，这种认证方式将用户名和密码用 BASE64 算法进行编码后放在 HTTP 请求中的 Header Authorization 域里，并发送给服务端。服务端收到后进行解码，获取用户名及密码，然后进行用户身份认证。

2）当 API 服务器的命令行设置了 --token-auth-file=SOMEFILE 选项时，会从文

件中读取持有者令牌，即启用通过传入 HTTP header 的令牌进行认证的方式。每个令牌对应一个用户名，当客户端发起 API 调用请求时，需要在 HTTP header 里放入令牌，API Server 接收到令牌后会与服务器中保存的令牌进行比对，然后进行用户身份认证。令牌会长期有效，并且在不重启 API 服务器的情况下无法更改令牌列表。

3）向 API 服务器传递 --client-ca-file=SOMEFILE 选项后，HTTPS 证书认证方式随之启动。成功使用证书认证大致分为三个步骤：首先，通信双方（客户端和服务器）向 CA（Certificate Authority）机构申请证书，CA 机构下发根证书、服务端证书及私钥给申请者；其次，客户端与服务器可以进行双向认证；最后，认证成功后，客户端与服务器便可进行通信。这种认证方式被认为是安全性最高的一种方式。其中双向认证的大致过程如下：客户端向服务器发送请求，服务器下发自己的证书给客户端，客户端收到证书后，使用自己的私钥解密证书，然后可在证书中获得服务器的公钥，接着客户端又利用得到的公钥认证证书中的信息，如果信息和之前使用私钥得到的信息一致，服务器则被客户端认可；同理，客户端也需要被服务器认可，客户端也要发送自己的证书给服务器，服务器对其进行与上述验证过程相似的流程以确认客户端的证书是否合法。

5.1.3 鉴权

鉴权通常是指验证用户是否拥有访问系统的权利。Kubernetes 使用 API 服务器对 API 请求进行鉴权，它评估所有的请求属性来决定是允许还是拒绝请求，然后决定是否授予用户相应的访问权限。

Kubernetes 仅审查以下 API 请求属性。

- 用户：身份认证时用户提供的 user 字符串。
- 组：经过认证后的用户所属的组名列表。
- 额外信息：身份认证时提供的任意字符串键到字符串值的映射。
- API：指示请求是否针对 API 资源。
- 请求路径：各种非资源端点的路径，如 /api 等。
- API 请求动词：用于资源请求，包括 get、list、create、update、patch、watch、proxy、redirect、delete 和 deletecollection。
- HTTP 请求动词：用于非资源请求，包括 get、post、put 和 delete。
- 资源：正在访问的资源的 ID 或名称（仅限资源请求）。特别地，对于使用 get、update、patch 和 delete 动词的资源请求，必须提供资源名称。
- 子资源：正在访问的子资源（仅限资源请求）。
- 命名空间：正在访问的对象的命名空间（仅适用于命名空间资源请求）。

- API 组：正在访问的 API 组（仅限资源请求）。空字符串表示核心 API 组。

下面介绍几种常用的鉴权模式的基本概念。

- RBAC（Role-Based Access Control）模式：基于组织中用户的角色来调控其对计算机或网络资源的访问，使用 --authorization-mode=RBAC 参数启用。
- ABAC（Attribute-Based Access Control）模式：基于属性的鉴权模式，通过将属性组合在一起的策略来向用户授予访问权限。使用 --authorization-mode=ABAC 参数启用，使用 --authorization-policy-file=（文件名）指定策略文件。
- Node 模式：一种专用鉴权模式，根据调度到 kubelet 上运行的 Pod 为 kubelet 授予权限。使用 --authorization-mode=Node 参数启用。
- Webhook 模式：一种 HTTP 回调模式，允许使用远程 REST 端点管理鉴权。使用 --authorization-mode=Webhook 参数启用。
- AlwaysDeny 模式：阻止所有请求，仅用于测试。使用 --authorization-mode=AlwaysDeny 参数启用。
- AlwaysAllow 模式：允许所有请求，仅用于不需要 API 请求的鉴权。使用 --authorization-mode=AlwaysAllow 参数启用。

其中 RBAC 模式是使用 kubeadm 安装方式下的默认选项，也是一种被广泛应用的鉴权模式。下面对 RBAC 鉴权模式进行详细讲解。

RBAC API 中有四种 Kubernetes 对象，分别是 Role、ClusterRole、RoleBinding 和 ClusterRoleBinding。

Role 和 ClusterRole 对象代表角色，用于指定一组权限规则。这些权限是累加的，即仅用于指定角色能做什么，而不存在拒绝某操作的规则。其中 Role 用于在某个命名空间内设置访问权限，因此，在创建 Role 对象时，必须指定该 Role 所属的命名空间。而 ClusterRole 的作用域则是整个集群，定义的是集群层面的角色，因此不指定命名空间。

Role 的配置文件示例如下，该配置文件可用于授予对“default”命名空间内 Pods 的读访问权限：

```
apiVersion: rbac.authorization.k8s.io/v1
kind: Role
metadata:
  namespace: default
  name: pod-reader
rules:
  - apiGroups: [""] # "" 标明 core API 组
    resources: ["pods"]
    verbs: ["get", "watch", "list"]
```

ClusterRole 的配置文件示例如下，该配置文件可用于为所有单个命名空间或者跨命名空间中的 Secret 授予读访问权限：

```
apiVersion: rbac.authorization.k8s.io/v1
kind: ClusterRole
metadata:
  # 此处没有 "namespace" 字段，因为 ClusterRoles 不受命名空间限制
  name: secret-reader
rules:
- apiGroups: [""]
  # 在 HTTP 层面，用来访问 Secret 资源的名称为 "secrets"
  resources: ["secrets"]
  verbs: ["get","watch","list"]
```

角色绑定是将角色中定义的权限赋予一个或者一组用户。它包含若干主体（用户、组或服务账户）的列表和对这些主体所获得的角色的引用。与上面介绍的角色相关性质对应，角色绑定分为 RoleBinding 和 ClusterRoleBinding，RoleBinding 在指定的命名空间中执行授权，而 ClusterRoleBinding 在集群范围执行授权。

在下面的 RoleBinding 配置文件示例中，我们将之前定义的“pod-reader”Role 授予“default”命名空间中名为“Peter”的用户，使得用户“Peter”获得读取“default”命名空间中 Pods 的权限。

```
apiVersion: rbac.authorization.k8s.io/v1
# 此角色绑定允许 "Peter" 读取 "default" 命名空间中的 Pods
# 命名空间中一个名为 "pod-reader" 的 Role 作为绑定的角色
kind: RoleBinding
metadata:
  name: read-pods
  namespace: default
subjects:
# 你可以指定不止一个 "subject（主体）"
- kind: User
  name: Peter              # "name" 是区分大小写的
  apiGroup: rbac.authorization.k8s.io
roleRef:
  # "roleRef" 指定与某 Role 或 ClusterRole 的绑定关系
  kind: Role               # 此字段必须是 Role 或 ClusterRole
  name: pod-reader         # 此字段必须与你要绑定的 Role 或 ClusterRole 的名称匹配
  apiGroup: rbac.authorization.k8s.io
```

RoleBinding 也可以用于 ClusterRole 对象，可以将 ClusterRole 中定义的访问权限授予 RoleBinding 所在命名空间中的用户。这种使用方法可以支持我们跨整个集群定义一组通用的角色，然后在多个命名空间进行复用。在下面的配置文件示例中，我们的 RoleBinding 引用的即是 ClusterRole 对象。用户“Bob”只能访问“role-test”命名空间中的 Secret 资源对象。

```yaml
apiVersion: rbac.authorization.k8s.io/v1
# 此角色绑定使得用户 "dave" 能够读取 "development" 命名空间中的 Secrets
# 你需要一个名为 "secret-reader" 的 ClusterRole
kind: RoleBinding
metadata:
  name: read-secrets
  # RoleBinding 的命名空间决定了访问权限的授予范围。
  # 这里隐含授权仅在 "role-test" 命名空间内的访问权限。
  namespace: role-test
subjects:
- kind: User
  name: Bob
  apiGroup: rbac.authorization.k8s.io
roleRef:
  kind: ClusterRole
  name: secret-reader
  apiGroup: rbac.authorization.k8s.io
```

要想跨整个集群授予用户访问资源的权限，我们使用 ClusterRoleBinding 引用 ClusterRole 的方式完成绑定。在下面的配置文件示例中，我们对用户组 “manager” 中的所有用户授予权限，允许他们访问所有命名空间中的 Secret 资源对象。

```yaml
apiVersion: rbac.authorization.k8s.io/v1
# 此集群角色绑定允许 "manager" 组中的任何人访问任何命名空间中的 Secret 资源
kind: ClusterRoleBinding
metadata:
  name: read-secrets-global
subjects:
- kind: Group
  name: manager
  apiGroup: rbac.authorization.k8s.io
roleRef:
  kind: ClusterRole
  name: secret-reader
  apiGroup: rbac.authorization.k8s.io
```

绑定完成之后，我们不能再修改绑定对象所引用的 Role 或 ClusterRole。如果我们改变配置中的 roleRef 部分，将导致合法性检查错误。如果我们想要改变现有绑定对象中 roleRef 中的内容，必须要删除现有绑定对象后重新创建。这样的设定主要出于以下两个原因。

1）将 roleRef 设置为不可修改，我们就可以单独为用户授予对现有绑定对象的更新权限，即让这些用户管理绑定对象。

2）针对不同角色的绑定是完全不一样的绑定。要求通过删除绑定和重建绑定两个操作来更改 roleRef，可以确保要赋予绑定的所有主体会被授予新的正确的角色，而减少因不小心的修改而造成的失误。

5.1.4　准入控制

一个请求通过认证和鉴权之后，还需等待准入控制过程通过后，才会被 kube-apiserver 处理。准入控制器是一段代码，它能够在请求通过认证和鉴权之后和对象被持久化之前对某些到达 API 服务器的请求进行拦截。

准入控制器可以执行验证（Validating）及变更（Mutating）操作。变更准入控制器可以根据被其接受的请求更改相关对象，验证准入控制器则不能进行这样的操作，某些控制器既是变更准入控制器又是验证准入控制器。准入控制器可以限制创建、删除、修改对象的请求，也可以阻止自定义动作，例如通过 API 服务器代理连接到 Pod 的请求。准入控制器无法阻止读取（get、watch 或 list）对象的请求。

准入控制过程分为两个阶段。第一个阶段运行变更准入控制器，第二个阶段运行验证准入控制器。如果两个阶段之一的任何一个控制器拒绝了某请求，则整个请求将立即被拒绝，并返回错误。

下面对一些目前常用的可配置的准入控制器的功能进行介绍。

AlwaysPullImages：该准入控制器会修改每个新创建的 Pod，将其镜像拉取策略设置为 Always。这在多租户集群中是有用的，这样用户就可以放心，他们的私有镜像只能被那些有凭证的人使用。如果没有这个准入控制器，一旦镜像被拉取到节点上，任何用户的 Pod 都可以通过已了解到的镜像的名称（假设 Pod 被调度到正确的节点上）来使用它，而不需要对镜像进行任何鉴权检查。启用这个准入控制器之后，启动容器之前必须拉取镜像，这意味着需要有效的凭证。

DefaultIngressClass：该准入控制器监测没有请求任何特定 Ingress 类的 Ingress 对象创建请求，并自动向其添加默认 Ingress 类。这样，没有任何特殊 Ingress 类需求的用户根本不需要关心它们，它们将被设置为默认 Ingress 类。当未配置默认 Ingress 类时，此准入控制器不执行任何操作。如果有多个 Ingress 类被标记为默认 Ingress 类，此控制器将拒绝所有创建 Ingress 的操作，并返回错误信息。要修复此错误，管理员必须重新检查其 IngressClass 对象，并仅将其中一个标记为默认（通过注解“ingressclass.kubernetes.io/is-default-class”）。此准入控制器会忽略所有 Ingress 更新操作，仅处理创建操作。

DefaultStorageClass：此准入控制器监测没有请求任何特定存储类的 PersistentVolumeClaim 对象的创建请求，并自动向其添加默认存储类。这样，没有任何特殊存储类需求的用户根本不需要关心它们，它们将被设置为使用默认存储类。当未配置默认存储类时，此准入控制器不执行任何操作。如果将多个存储类标记为默认存储类，此控制器将拒绝所有创建 PersistentVolumeClaim 的请求，并返回错误信息。要修复此错误，管理员必须重新检查其 StorageClass 对象，并仅将其中一个标记为默认。此准入控制器会忽略所有 PersistentVolumeClaim 更新操作，仅处理创建操作。

ExtendedResourceToleration：此插件有助于创建带有扩展资源的专用节点。如果运维人员想要创建带有扩展资源（如 GPU、FPGA 等）的专用节点，他们应该以扩展资源名称作为键名，为节点设置污点。如果启用了此准入控制器，会将此类污点的容忍度自动添加到请求扩展资源的 Pod 中，用户不必再手动添加这些容忍度。此准入控制器默认被禁用。

ImagePolicyWebhook：此准入控制器允许使用后端 Webhook 做出准入决策。此准入控制器默认被禁用。

LimitRanger：此准入控制器会监测传入的请求，并确保请求不会违反 Namespace 中 LimitRange 对象所设置的任何约束。如果你在 Kubernetes 部署中使用了 LimitRange 对象，则必须使用此准入控制器来执行这些约束。LimitRanger 还可以用于将默认资源请求应用到没有设定资源约束的 Pod。当前，默认的 LimitRanger 对 default 命名空间中的所有 Pod 都设置 0.1 CPU 的需求。

NamespaceAutoProvision：此准入控制器会检查针对命名空间域资源的所有传入请求，并检查所引用的命名空间是否确实存在。如果找不到所引用的命名空间，控制器将创建一个命名空间。此准入控制器对于不想要求命名空间必须先创建后使用的集群部署很有用。

NamespaceExists：此准入控制器检查针对命名空间作用域的资源（除 Namespace 自身）的所有请求。如果请求引用的命名空间不存在，则拒绝该请求。

NamespaceLifecycle：该准入控制器禁止在一个正在被终止的 Namespace 中创建新对象，并确保针对不存在的 Namespace 的请求被拒绝。该准入控制器还会禁止删除三个系统保留的命名空间，即 default、kube-system 和 kube-public。Namespace 的删除操作会触发一系列删除该命名空间中所有对象（Pod、Service 等）的操作。为了确保这个过程的完整性，强烈建议启用此准入控制器。

ServiceAccount：此准入控制器实现了 ServiceAccount 的自动化。强烈推荐为 Kubernetes 项目启用此准入控制器。如果你打算使用 Kubernetes 的 ServiceAccount 对象，则应启用这个准入控制器。

TaintNodesByCondition：该准入控制器为新创建的节点添加 NotReady 和 NoSchedule 污点。这些污点能够避免一些竞态条件的发生，而这类竞态条件可能导致 Pod 在更新节点污点以准确反映其所报告状况之前，就被调度到新节点上。

有很多官方推荐使用的准入控制器，它们在默认情况下就处于已启用的状态，而其他准入控制器在使用前则必须进行手动配置。可以在官方文档中查询各准入控制器的相关说明及使用方法等。

下面简单介绍一下如何手动启用和关闭准入控制器。

Kubernetes API 服务器的 enable-admission-plugins 标志接受一个用于在集群修改对象之前调用的准入控制插件顺序列表（插件之间用逗号分隔）。与之对应的是 disable-admission-plugins 标志，会将传入的准入控制插件（以逗号分隔）列表禁用，包括默认启用的插件。

例如，下面的两条命令分别启用了 ImagePolicyWebhook 和 LimitRanger 准入控制器，禁用了 AlwaysPullImages 和 DefaultIngressClass 准入控制器。

```
kube-apiserver--enable-admission-plugins=ImagePolicyWebhook,LimitRanger
kube-apiserver--disable-admission-plugins=AlwaysPullImages,DefaultIngressClass
```

5.2 Pod 的计算资源管理

5.2.1 容器资源的请求和限制

CPU 和内存统称为计算资源，也可简称为资源。资源量是可测量的，可以被请求、分配、消耗。它们与 API 资源不同，API 资源（如 Pod、Deployment、Service 等）是可通过 Kubernetes API 服务器读取和修改的对象。

在定义 Pod 时，我们可以选择性地为 Pod 中的每一个容器设定其所需的资源数量，如 CPU 和内存等。对于设定了申请一定资源的 Pod，kube-scheduler 会根据该信息将 Pod 调度到资源充足的节点上；对于设定了资源限制的 Pod，kubelet 会确保该 Pod 中运行的相应容器使用的资源不会超出所设的限制。如果容器某种资源只指定了 limits，而未显式指定 request，则 request 默认与 limits 相同。

对于 Pod 中的每一个容器，我们都可以指定资源请求和限制，可选项如下：

- spec.containers[].resources.requests.cpu。
- spec.containers[].resources.requests.memory。
- spec.containers[].resources.requests.hugepages-。
- spec.containers[].resources.limits.cpu。
- spec.containers[].resources.limits.memory。
- spec.containers[].resources.limits.hugepages-。

CPU 资源的单位为 CPU 单元，根据节点是一台物理主机还是运行在某物理主机上的虚拟机，一个 CPU 单元等于 1 个物理 CPU 核或是 1 个虚拟核。特别地，Kubernetes 允许带小数的 CPU 资源值，例如 spec.containers[].resources.requests.cpu 的值可以为 0.5，即请求一个 CPU 单元资源量的一半，也可写作 500m，即“500 毫核”。Kubernetes 不允许设置精度小于 1m 的 CPU 资源。

内存资源的单位为字节（B），可以使用后缀 E、P、T、G、M、k，也可以使用它们对应的 2 的幂数 Ei、Pi、Ti、Gi、Mi、Ki。还要多注意后缀的大小写，如 600 mB 与 600 MB 代表的含义是完全不一样的，前者表示 0.6 字节，后者表示 600 兆字节。

下面是一个进行了容器资源请求和限制的 Pod 配置文件示例。

```
apiVersion: v1
kind: Pod
metadata:
  name: frontend
spec:
  containers:
  - name: app
    image: images.my-company.example/app: v4
    resources:
      requests:
        memory: "64Mi"
        cpu: "250m"
      limits:
        memory: "128Mi"
        cpu: "500m"
  - name: log-aggregator
    image: images.my-company.example/log-aggregator: v6
    resources:
      requests:
        memory: "64Mi"
        cpu: "250m"
      limits:
        memory: "128Mi"
        cpu: "500m"
```

5.2.2 Pod 的服务质量

有时，一个节点可能无法提供 Pod 申请的那么多资源量。试想这样一种情况：一个节点中有两个 Pod，Pod A 已占用了节点 80% 的内存，Pod B 虽然之前一直仅需使用 10% 左右的内存，但由于各种因素突然需要更多内存才能正常运行，而此时节点无法提供足量内存供 Pod B 使用，那么哪个容器将会被满足呢？有时我们可能希望杀掉 Pod A，将释放的内存提供给更重要的 Pod B 使用；有时我们又可能希望杀掉 Pod B，因为 Pod A 可能更重要且先得到了资源，节点无法满足 Pod B 的新需求的话，只好放弃。

针对上述类似情况，如果 Kubernetes 中能有一种机制可以让我们根据实际场景做一些带有自定义性质的配置，显然最好。因此，Kubernetes 为 Pod 定义了服务质量类（Quality of Service class，QoS class）这一配置项。Kubernetes 为 Pod 设置了 3 个服务质量类，代表 3 个等级，服务质量（优先级）从高到低分别为 Guaranteed、Burstable、

BestEffort。我们为不同的Pod设置不同的资源请求和限制配置项，以使Pod被指定为不同的服务质量类。

Guaranteed代表优先级最高的等级。如果一个Pod同时满足下列四个条件，会被系统指定为Guaranteed服务质量类。

1）Pod中的每个容器都指定了内存请求和内存限制。

2）Pod中每个容器的内存请求等于内存限制。

3）Pod中的每个容器都指定了CPU请求和CPU限制。

4）Pod中每个容器的CPU请求等于CPU限制。

Guaranteed类Pod中的容器能最优先地使用到它们申请的资源，但是无法使用比申请的资源量更多的资源，因为它们的limits和request始终相等。值得注意的是，我们之前讲到过，如果容器某种资源只指定了limits，而未显式指定request，则request默认即与limits相同。

Burstable等级介于BestEffort和Guaranteed之间。如果一个Pod同时满足下列两个条件，会被系统指定为Burstable服务质量类。

1）Pod不满足被指定为Guaranteed服务质量类的条件。

2）Pod中至少有一个容器具有内存或CPU的请求或限制。

Burstable可以较优先地获得它们所申请的等额资源，并可以使用到不超过limits值的额外资源。

BestEffort代表优先级最低的等级，会自动分配给那些没有为任何容器设置requests和limits的Pod。对于这个等级的Pod来说，它们内部运行的容器没有资源保障。在最坏的情况下，它们分不到CPU资源，同时在需要为其他Pod释放内存时，会第一批被杀死。不过因为处于BestEffort等级的Pod没有配置limits，所以在节点资源充足的情况下，这些Pod里的容器可以使用任意多的资源。

现在创建3个Pod，分别满足3个服务质量类的条件，并进行验证。

创建Pod的配置文件qos-pod.yaml内容如下：

```
apiVersion: v1
kind: Pod
metadata:
  name: qos-demo
  namespace: qos-example
spec:
  containers:
  - name: qos-demo-ctr
    image: nginx
    resources:
      limits:
```

```
          memory: "200Mi"
          cpu: "700m"
        requests:
          memory: "200Mi"
          cpu: "700m"
---
apiVersion: v1
kind: Pod
metadata:
  name: qos-demo-2
  namespace: qos-example
spec:
  containers:
  - name: qos-demo-2-ctr
    image: nginx
    resources:
      limits:
        memory: "200Mi"
      requests:
        memory: "100Mi"
---
apiVersion: v1
kind: Pod
metadata:
  name: qos-demo-3
  namespace: qos-example
spec:
  containers:
  - name: qos-demo-3-ctr
    image: nginx
```

5.2.3　为命名空间中的 Pod 设置默认的资源请求和限制

在之前的介绍中，我们学习了如何为单个容器设置资源请求和限制。对于一个容器，如果不做相关的资源请求和限制的话，那么它将处于其他所有设置了相关资源请求和限制的容器的控制之下。所以，我们最好为每一个容器都设置资源请求和限制。

Kubernetes 中提供了 LimitRange 资源对象，用于在一个命名空间中为容器设置资源请求和限制的默认值，避免了手动设定每个容器的资源请求和限制值。

编写一个配置了内存信息的 LimitRange 的配置文件 limit-range-mem-test.yaml 如下：

```
apiVersion: v1
kind: LimitRange
metadata:
  name: mem-limit-range-demo
```

```
spec:
  limits:
  - default:
      memory: 512Mi
    defaultRequest:
      memory: 256Mi
    type: Container
```

然后将该文件应用于名为“limit-range-test-ns”的命名空间中以进行测试：

```
# 创建命名空间以用于测试
[root@k8s-master user]# kubectl create ns limit-range-test-ns
namespace/limit-range-test-ns created

# 应用 LimitRange 配置文件
[root@k8s-master user]# kubectl apply -f limit-range-mem-test.yaml--
   namespace=limit-range-test-ns
limitrange/mem-limit-range-demo created
```

然后我们尝试在该命名空间中创建一个 Pod，该 Pod 中的容器没有声明内存请求和限制。其配置文件 pod-limit-range-mem.yaml 如下：

```
apiVersion: v1
kind: Pod
metadata:
  name: mem-limit-range-pod
spec:
  containers:
  - name: mem-limit-range-ctr
    image: nginx
```

执行创建命令：

```
[root@k8s-master user]# kubectl apply -f pod-limit-range-mem.yaml--
  namespace=limit-range-test-ns
pod/mem-limit-range-pod created
```

成功创建后，查看该 Pod 的信息：

```
[root@k8s-master user]# kubectl get pod mem-limit-range-pod --output=yaml--
  namespace=limit-range-test-ns
```

可在输出结果中看到该 Pod 中的容器被成功设置了默认的资源请求和限制：

```
spec:
containers:
- image: nginx
  imagePullPolicy: Always
  name: mem-limit-range-ctr
  resources:
  limits:
```

```
    memory: 512Mi
  requests:
    memory: 256Mi
```

同理，我们也可以在 LimitRange 中为命名空间中的容器配置 CPU 资源信息，如下所示：

```
apiVersion: v1
kind: LimitRange
metadata:
  name: cpu-limit-range-demo
spec:
  limits:
  - default:
      cpu: 2
    defaultRequest:
      cpu: 1
    type: Container
```

值得特别注意的是，LimitRange 不会检查它应用的默认值的一致性。这意味着 LimitRange 设置的资源限制的默认值可能小于客户端提交给 API 服务器的声明中为容器指定的资源请求值。如果发生这种情况，最终会导致 Pod 无法调度。

5.2.4　为命名空间中的 Pod 设置资源的最大和最小约束

LimitRange 除了可以为命名空间里 Pod 中的容器设置默认的资源请求和限制，还可以为这些容器设置资源的最大和最小约束。

配置内存的最大和最小约束的示例文件 limit-mem-max-min.yaml 如下：

```
apiVersion: v1
kind: LimitRange
metadata:
  name: mem-min-max-demo
spec:
  limits:
  - max:
      memory: 2Gi
    min:
      memory: 500Mi
    type: Container
```

创建该 LimitRange:

```
[root@k8s-master user]# kubectl apply -f limit-mem-max-min.yaml--
  namespace=limit-range-test-ns
limitrange/mem-min-max-demo created
```

查看该 LimitRange 详情：

```
[root@k8s-master user]# kubectl get limitrange mem-min-max-demo --output=yaml-
    -namespace=limit-range-test-ns
```

可在输出结果中看到设置的最大和最小内存约束（在此小节的配置文件中，我们没有像上一小节那样手动设置默认的资源请求和限制，默认值是会自动生成的）：

```
spec:
  limits:
  - default:
      memory: 2Gi
    defaultRequest:
      memory: 2Gi
    max:
      memory: 2Gi
    min:
      memory: 500Mi
    type: Container
```

创建该 LimitRange 之后，每当在相应的命名空间中创建 Pod 时，Kubernetes 就会做以下事情：

1）如果 Pod 中的容器未声明自己的内存请求和限制，将为该容器设置默认的内存请求和限制。

2）确保该 Pod 中的每个容器的内存请求至少为 500 MiB。

3）确保该 Pod 中每个容器内存请求不大于 2 GiB。

同理，CPU 的最大和最小约束可以像这样配置：

```
apiVersion: v1
kind: LimitRange
metadata:
  name: cpu-min-max-demo
spec:
  limits:
  - max:
      cpu: "800m"
    min:
      cpu: "100m"
    type: Container
```

5.2.5 控制命名空间的可用资源

我们在前面 5.2.4 小节介绍的 LimitRange，只应用于某命名空间的每个 Pod 上。而与此同时，在很多情况下我们也需要对整个命名空间所能使用到的资源总量进行控制，即对命名空间中所有 Pod 能够使用的内存和 CPU 总量进行控制。Kubernetes 提供了 ResourceQuota 资源对象可以用于实现这一功能。

我们编写了一个用于控制命名空间资源总量的 ResourceQuota 资源对象示例文件 quota-mem-cpu-test.yaml：

```
apiVersion: v1
kind: ResourceQuota
metadata:
  name: mem-cpu-demo
spec:
  hard:
    requests.cpu: "1"
    requests.memory: 1Gi
    limits.cpu: "2"
    limits.memory: 2Gi
```

将该文件应用于名为“quota-test-ns”的命名空间中以进行测试：

```
# 创建命名空间以用于测试
[root@k8s-master user]# kubectl create ns quota-test-ns
namespace/quota-test-ns created

# 应用 ResourceQuota 配置文件
[root@k8s-master user]# kubectl apply -f quota-mem-cpu-test.yaml--
  namespace=quota-test-ns
resourcequota/mem-cpu-demo created
```

然后可以查看该 ResourceQuota 详情：

```
[root@k8s-master user]# kubectl get resourcequota mem-cpu-demo
  --namespace=quota-test-ns --output=yaml
```

可在输出结果中查看到相关配置信息如下：

```
spec:
  hard:
    limits.cpu: "2"
    limits.memory: 2Gi
    requests.cpu: "1"
    requests.memory: 1Gi
status:
  hard:
    limits.cpu: "2"
    limits.memory: 2Gi
    requests.cpu: "1"
    requests.memory: 1Gi
used:
    limits.cpu: "0"
    limits.memory: "0"
    requests.cpu: "0"
    requests.memory: "0"
```

该 ResourceQuota 在“quota-test-ns”命名空间中设置了如下要求：

1）在该命名空间中的每个 Pod 的所有容器都必须要有内存请求和限制，以及 CPU 请求和限制。

2）在该命名空间中，所有 Pod 的内存请求总和不能超过 1 GiB。

3）在该命名空间中，所有 Pod 的内存限制总和不能超过 2 GiB。

4）在该命名空间中，所有 Pod 的 CPU 请求总和不能超过 1 cpu。

5）在该命名空间中，所有 Pod 的 CPU 限制总和不能超过 2 cpu。

接下来，我们在该命名空间中创建 Pod 来观察效果。我们先创建一个配置信息如下的 Pod：

```
apiVersion: v1
kind: Pod
metadata:
  name: quota-mem-cpu-demo1
spec:
  containers:
  - name: quota-mem-cpu-demo-ctr
    image: nginx
    resources:
      limits:
        memory: "800Mi"
        cpu: "800m"
        requests:
          memory: "600Mi"
          cpu: "400m"
```

将该文件应用于刚才的命名空间"quota-test-ns"中：

```
[root@k8s-master user]# kubectl apply -f pod1-quota-mem-cpu.yaml--namespace=
  quota-test-ns
pod/quota-mem-cpu-demo1 created
```

然后等待片刻，直到成功确认 Pod 正在运行，并且其容器处于健康状态：

```
[root@k8s-master user]# kubectl get pod quota-mem-cpu-demo1 --namespace=quota-
  test-ns
NAME                  READY   STATUS    RESTARTS   AGE
quota-mem-cpu-demo1   1/1     Running   0          1m56s
```

然后查看 ResourceQuota 的详情，输出结果除了显示出资源总配额外，还正确展示出已有多少资源被使用：

```
status:
  hard:
    limits.cpu: "2"
    limits.memory: 2Gi
    requests.cpu: "1"
    requests.memory: 1Gi
```

```
  used:
    limits.cpu: 800m
    limits.memory: 800Mi
    requests.cpu: 400m
    requests.memory: 600Mi
```

此时我们尝试创建第二个 Pod，该 Pod 配置文件如下：

```
apiVersion: v1
kind: Pod
metadata:
  name: quota-mem-cpu-demo2
spec:
  containers:
  - name: quota-mem-cpu-demo-2-ctr
    image: redis
    resources:
      limits:
        memory: "1Gi"
        cpu: "800m"
      requests:
        memory: "700Mi"
        cpu: "400m"
```

尝试将该 Pod 继续应用于命名空间“quota-test-ns”中，系统提示无法创建该 Pod，因为第二个 Pod 加入后会导致内存请求总量超过内存请求配额：

```
Error from server (Forbidden): error when creating "pod2-quota-mem-cpu.yaml":
pods"quota-mem-cpu-demo2" is forbidden: exceeded quota: mem-cpu-demo,
requested: requests.memory=700Mi,used: requests.memory=600Mi, limited: requests.
    memory=1Gi
```

5.2.6 限制命名空间中的 Pod 数

在 5.2.5 小节中，我们介绍了使用 ResourceQuota 控制命名空间中的可用资源总额。除此之外，ResourceQuota 还可以用于限制命名空间中可运行的 Pod 总数。

我们创建一个用于限制命名空间中 Pod 数的 ResourceQuota 示例配置文件 quota-pod-test.yaml：

```
apiVersion: v1
kind: ResourceQuota
metadata:
  name: pod-demo
spec:
  hard:
    pods: "2"
```

将该文件应用于名为“quota-pod-test-ns”的命名空间中以进行测试：

```
# 创建命名空间以用于测试
[root@k8s-master user]# kubectl create ns quota-pod-test-ns
namespace/quota-pod-test-ns created

# 应用 ResourceQuota 配置文件
[root@k8s-master user]# kubectl apply -f quota-pod-test.yaml--namespace=quota-
  pod-test-ns
resourcequota/pod-demo created
```

然后可查看该 ResourceQuota 的详细信息：

```
[root@k8s-master user]# kubectl get resourcequota pod-demo --namespace=quota-
  pod-test-ns --output=yaml
```

可在输出结果中查看到相关配置信息如下：

```
spec:
  hard:
    pods: "2"
status:
  hard:
    pods: "2"
  used:
    pods: "0"
```

此时我们创建一个 Deployment 资源，该 Deployment 尝试创建 3 个 Pod 副本，这超出了我们配置的限制：

```
apiVersion: apps/v1
kind: Deployment
metadata:
  name: quota-pod-demo
spec:
  selector:
    matchLabels:
      purpose: quota-demo
  replicas: 3   # 此处设置副本数为 3，大于之前 ResourceQuota 限制的 Pod 数 2
  template:
    metadata:
      labels:
        purpose: quota-demo
    spec:
      containers:
      - name: pod-quota-demo
        image: nginx
```

应用该 Deployment 配置文件：

```
[root@k8s-master user]# kubectl apply -f deploy-quota-pod-demo.yaml--
  namespace=quota-pod-test-ns
deployment.apps/quota-pod-demo created
```

成功创建后，查看该 Deployment 的详细信息：

```
[root@k8s-master user]# kubectl get deployment quota-pod-demo
  --namespace=quota-pod-test-ns --output=yaml
```

输出的相关信息如下：

```
...
spec:
  ...
  replicas: 3
...
status:
  conditions:
  ...
    - lastTransitionTime: "2023-05-12T02: 16: 02Z"
    lastUpdateTime: "2023-05-12T02: 16: 02Z"
    message: 'pods "quota-pod-demo-84cd89c46c-cc9rc" is forbidden: exceeded
      quota:
      pod-demo, requested: pods=1, used: pods=2, limited: pods=2'
  ...
  replicas: 2
```

从输出的信息可以得知，即使该 Deployment 要创建 3 个 Pod，仍只能有 2 个 Pod 被成功创建，原因是我们在 ResourceQuota 对象中限制该命名空间中的 Pod 总数为 2。

5.3 自动伸缩 Pod 与集群节点

5.3.1 Pod 的横向自动伸缩

Pod 的横向自动伸缩是指由 Horizontal 控制器管理的 Pod 副本数量的自动伸缩。我们通过创建 Horizontal Pod Autoscaler（HPA）资源来配置和运行 Horizontal 控制器，Horizontal 控制器能够监测平均 CPU 利用率、平均内存利用率或其他自定义的一些指标，并根据这些指标定期调整 Deployment、ReplicaSet、ReplicationController、StatefulSet 等资源的 replicas 字段，即副本规模。

Pod 横向自动伸缩的过程大致分以下三步。

1）获取伸缩资源对象管理的所有 Pod 度量。

2）计算使度量值达到或接近制定目标值所需的 Pod 数量。

3）更新伸缩资源的 replicas 字段。

下面对 Pod 的横向自动伸缩进行演示。作为示例，我们启动一个 Deployment，用 hpa-example 镜像运行一个容器，然后使用以下配置文件将其暴露为一个服务：

```
apiVersion: apps/v1
kind: Deployment
metadata:
  name: php-apache
spec:
  selector:
    matchLabels:
      run: php-apache
  replicas: 1
  template:
    metadata:
      labels:
        run: php-apache
    spec:
      containers:
      - name: php-apache
        image: registry.k8s.io/hpa-example
        ports:
        - containerPort: 80
        resources:
          limits:
            cpu: 500m
          requests:
            cpu: 200m
---
apiVersion: v1
kind: Service
metadata:
  name: php-apache
  labels:
    run: php-apache
spec:
  ports:
  - port: 80
  selector:
    run: php-apache
```

然后执行以下命令创建HPA：

```
[root@k8s-master user]# kubectl autoscale deployment php-apache --cpu-percent=50
  --min=1 --max=10
horizontalpodautoscaler.autoscaling/php-apache autoscaled
```

创建成功后，可以输入以下命令查看HPA的当前状态：

```
[root@k8s-master user]# kubectl get hpa
NAME         REFERENCE                        TARGET    MINPODS   MAXPODS   REPLICAS   AGE
php-apache   Deployment/php-apache/scale 0% / 50%   1         10        1          23s
```

TARGET列显示了相应Deployment所控制的所有Pod的平均CPU利用率。当前的 CPU 利用率为 0，是因为我们尚未发送任何请求到服务器。

接下来尝试增加负载，观察自动伸缩器会对此做何反应。现在启动一个不同的 Pod 作为客户端，客户端 Pod 中的容器循环运行，向 php-apache 服务发送查询请求。我们使用一个单独的终端窗口运行下面的命令，以便生成负载的同时可以执行其他步骤。

```
[root@k8s-master user]# kubectl run -i --tty load-generator --rm --image=
    busybox: 1.28 --restart=Never -- /bin/sh -c"while sleep 0.01; do wget -q
    -O- http: //php-apache; done"
```

在另一终端执行：

```
[root@k8s-master user]# kubectl get hpa php-apache --watch
```

一段时间后，观察到 CPU 负载升高：

```
NAME        REFERENCE                        TARGET     MINPODS    MAXPODS    REPLICAS    AGE
php-apache Deployment/php-apache/scale  305% / 50% 1          10         1           3m
```

然后，更多的副本被创建：

```
NAME        REFERENCE                        TARGET      MINPODS    MAXPODS    REPLICAS    AGE
php-apache  Deployment/php-apache/scale  305% / 50%  1          10         7           3m
```

可以发现，CPU 利用率升高后，副本数量会随之升高。

然后停止生成负载，在创建 busybox 容器的终端中，使用〈 Ctrl + C 〉快捷键来终止负载的产生。同理，一段时间后进行观察，会发现副本数会随着 CPU 利用率的降低而减少，当 CPU 利用率降至 0 后，HPA 会将副本数量缩减到 1。

通过自动扩缩完成副本数量的改变可能需要几分钟的时间。

5.3.2　Pod 的纵向自动伸缩

5.3.1 小节介绍的 Pod 的横向自动伸缩拥有较好的效果，但并不是所有的应用都能被或适合被横向伸缩。与横向自动伸缩相对应，我们有另一种思想——纵向自动伸缩。横向自动伸缩是伸缩应用的 Pod 副本数量，而纵向自动伸缩则是动态分配 CPU 及内存等资源以尽量满足负载更大的 Pod。

很长时间以来，Kubernetes 官方并没有将 Pod 的纵向自动伸缩功能正式集成进 Kubernetes 中，因为 Kubernetes 一开始本就是为水平扩展而构建的体系，垂直扩展一个 Pod 也不是一种好的方式，如果想处理更多的负载，新增 Pod 副本可能会更好。但是有些情况下，这又可能需要大量的资源优化，如果你没有适当地调整你的 Pod，通过提供适当的资源请求和限制配置，可能会很频繁地驱逐 Pod，或者浪费很多有用的资源。开发人员和系统管理员会通过对资源的各种监控，以及通过基准测试或通过对资源利用率和流量的监控，来调整这些 Pod 的资源请求和限制的最佳值。但当流量不稳定、资源利用率不理想等情况出现的时候，复杂性上升，我们也会进一步思考更优的实践，如随着容器在微服务架构中的不断发展，系统管理员更注重其稳定性，在资源较为充足的情况下，可能会让 Pod 占有并使用的资源超出预期。

我们可使用 Vertical Pod Autoscaler（VPA）自定义资源来完成 Pod 的纵向自动伸缩这一功能，示例如下：

```
apiVersion: autoscaling.k8s.io/v1
kind: VerticalPodAutoscaler
metadata:
  name: nginx-vpa
spec:
  targetRef:  # 指定这个 VPA 对象所应用的资源对象
    apiVersion: "apps/v1"
    kind: Deployment
    name: nginx
  updatePolicy:  # 定义这个 VPA 是否会根据 updateMode 属性进行推荐或自动缩放
    updateMode: "On"
  resourcePolicy:
    containerPolicies:
    - containerName: "nginx"
      minAllowed:
        cpu: "250m"
        memory: "100Mi"
      maxAllowed:
        cpu: "2000m"
        memory: "2048Mi"
    - containerName: "istio-proxy"
      mode: "Off"
```

VPA 主要使用两个组件来实现自动伸缩，分别是 VPA 推荐器和 VPA 自动调整器。VPA 推荐器检查历史资源利用率和当前使用的模式，并推荐一个理想的资源请求值。如果 VPA 的更新模式被设置为 Auto，VPA 自动调整器将驱逐正在运行的 Pod，并根据新的资源请求值创建一个新的 Pod。VPA 自动调整器还会按照 VPA 最初定义的限制值的比例来调整限制值。所以资源限制意义并不大，因为 VPA 自动调整器会不断调整它。为了避免内存泄漏，可以在 VPA 中设置最大的资源值。

VPA 的使用具有一些局限性，总结如下。

1）VPA 通常不能和 HPA 一起使用。由于 VPA 会自动修改请求和限制值，所以一般不能将其与 HPA 一起使用，因为 HPA 依靠 CPU 和内存利用率来进行横向自动伸缩。当然有一个例外的情况是，当 HPA 依靠自定义和外部指标进行伸缩时。

2）VPA 至少需要两个健康的 Pod 才能工作（这其实在一定程度上违背了 VPA 设计的初衷，也是其没有被广泛使用的原因之一）。由于 VPA 会破坏一个 Pod，并重新创建一个 Pod 来进行纵向自动伸缩，因此它需要至少两个监控的 Pod 副本来确保不会出现服务中断。这在单实例有状态应用上造成了不必要的麻烦，让我们不得不考虑副本的设计。而对于无状态应用来说，使用 HPA 又往往是更好的选择。

3）默认最小分配内存为 250 MiB。对于消耗较少内存的应用程序来说，会造成资源浪费。虽然这个默认值仅能在全局层面进行修改。

4）只能应用于控制器，而不能用于独立 Pod。实际上，这一点在使用中完全可以接受，因为我们通常使用控制器来管理 Pod 资源。

5.3.3　节点的横向伸缩

我们已经知道，HPA 能够根据需要调整 Pod 的副本数，但从一个更宏观的角度来看，集群中节点的数量也很可能需要进行动态的伸缩。如果一个 Pod 被创建后，却无法调度到目前集群中存在的任何一个工作节点，那么我们可以考虑从云服务提供商请求启动一个新节点来运行该 Pod。而当集群中的节点被认为不再需要时，系统也应能对节点进行相应的减少即回收。

Cluster Autoscaler（CA）用于完成这一工作。它通过检查可用的节点分组确定是否至少有一种节点类型适合未被调度的 Pod。如果存在唯一一种适合未被调度 Pod 的节点分组，Cluster Autoscaler 就增加一个此分组的节点以运行相应未被调度的 Pod。而如果存在多个适合未被调度的 Pod 的节点分组，Cluster Autoscaler 就必须根据配置项选择一种最合适的节点，如果无法选出更优的节点类型，那么 Cluster Autoscaler 就会随机选择一种。新节点启动后，该节点上的 kubelet 会联系 API 服务器，通过创建一个 Node 资源注册该节点到集群中，之后该节点就成为 Kubernetes 集群的一部分，可以接收到调度给它的 Pod 了。

当节点利用率不足时，Cluster Autoscaler 也能减少节点的数目以减少资源浪费。Cluster Autoscaler 通过监控所有节点请求的 CPU 和内存来确定节点是否仍被需要，如果某个工作节点上所有 Pod 请求的 CPU 和内存不足 50%，则认为该节点是不必要的。然而这也并不是决定是否删除某一节点的唯一决定因素，Cluster Autoscaler 还会检查是否有系统 Pod 仅在该节点运行、是否有非托管 Pod 在该节点运行、是否有设置有本地存储的 Pod 在该节点运行，如果有，那么该节点将会被保留，以保证集群及服务正常运行。Cluster Autoscaler 尽力保证节点上的 Pod 能够被重新调度到其他节点上才退回节点。当一个节点被选中下线后，它首先被标记为不可调度，然后在该节点上运行的所有 Pod 被驱逐，这些 Pod 连同其所属的控制器整体被重新创建并调度到集群中的其他工作节点。

目前，常用的支持 Cluster Autoscaler 的云服务提供商有：Amazon Web Services

（AWS）、Google Kubernetes Engine（GKE）、Google Compute Engine（GCE）、Microsoft Azure。针对不同的云服务提供商，启用Cluster Autoscaler的方式也不同。如对于运行在GKE上的kubia集群，可以使用如下命令启用Cluster Autoscaler：

```
$gcloud container clusters update kubia--enable-autoscaling\
--min-nodes=3 --max-nodes=6
```

而对于在GCE上运行的集群，需要在运行kube-up.sh前设置以下环境变量：

```
KUBE_ENABLE_CLUSTER_AUTOSCALER=True
KUBE_AUTOSCALER_MIN_NODES=3
KUBE_AUTOSCALER_MAX_NODES=6
```

Cluster Autoscaler被启用后，会将自己的状态发布到kube-system命名空间的cluster-autoscaler-status这一ConfigMap上。

5.4　高级调度

5.4.1　污点和容忍度

污点（Taint）设置于节点上，用于使节点排斥一类特定的Pod。一个污点由一组键名（Key）、键值（Value）及一个效果（Effect）组成。容忍度（Toleration）则是应用于Pod上的，与Node的污点特性配合，能够用于尽量避免Pod被调度到不合适的节点上。如果一个节点有污点，那么只有当Pod达到容忍该节点污点的条件时，Pod才可能会被调度到该节点。

污点的效果有三种，分别为NoSchedule、PreferNoSchedule和NoExecute。NoSchedule表示只有拥有和这个污点相匹配的容忍度的Pod才能够被分配到这个节点上。PreferNoSchedule则可以被看作NoSchedule的“软化”版，使系统尽量避免将Pod调度到存在其不能容忍污点的节点上，但这不是强制的，如果没有其他合适的节点可以调度，Pod即使不能容忍该节点的污点，也会被调度到该节点上。NoExecute不同于NoSchedule和PreferNoSchedule，后两者仅在Pod调度时起作用，而NoExecute还会影响正在节点上运行着的Pod。如果一个节点添加了效果为NoExecute的污点，对于那些已在该节点上运行着的Pod，如果没有容忍该污点，则会被驱逐，而Pod在被驱逐前的保留时间是可以设置的，后面将对此进行介绍。

给节点设置和删除污点的命令如下：

```
# 给 k8s-node1 节点增加一个键名为 key1、键值为 value1、效果为 NoSchedule 的污点
kubectl taint nodes k8s-node1 key1=value1: NoSchedule
# 移除上面设置的污点（设置命令末尾加减号即可）
```

```
kubectl taint nodes k8s-node1 key1=value1: NoSchedule-
```

设置了容忍度的 Pod 的配置文件示例如下：

```
apiVersion: v1
kind: Pod
metadata:
  name: nginx
  labels:
    env: test
spec:
  containers:
  - name: nginx
    image: nginx
    imagePullPolicy: IfNotPresent
  tolerations:
  - key: "key1"
    operator: "Equal"
    effect: "NoExecute"
    tolerationSeconds: 60
```

一个容忍度和一个污点相“匹配”是指它们有相同的键名和效果。上述配置文件中 operator 项默认值为 Equal，如果 operator 是 Equal，则它们的 value 应该相等才能匹配；如果 operator 是 Exists，则不指定 value。如果一个容忍度的 key 为空且 operator 为 Exists，则表示这个容忍度与任意的 key、value 和 effect 都匹配，即这个容忍度能容忍任何污点。如果 effect 为空，则可以与所有键名为 key1 的效果相匹配。

对于 NoExecute 效果，有 tolerationSeconds 配置项。该项赋值为 60，表示如果这个 Pod 正在运行，同时一个匹配的污点被添加到其所在的节点，那么 Pod 还将继续在节点上运行 60 秒，然后被驱逐。但如果在驱逐之前上述污点被删除了，那么 Pod 就不会被驱逐。

5.4.2　Kubernetes 调度器及性能调优

1. 调度器

我们已经知道，在 Kubernetes 中，调度是指将已创建的 Pod 分配到合适的工作节点上以便运行的过程。Kubernetes 调度器通过 Kubernetes 的监测（Watch）机制来发现集群中已创建却尚未被分配到任何节点的 Pod，然后根据一定的规则将其调度到某个节点。

kube-scheduler 是 Kubernetes 集群默认的调度器，在第 3 章中提到过，它是主节点中的一个重要组件。kube-scheduler 会经过“过滤”和“评分”两个步骤，选择一个最佳节点来运行尚未调度的 Pod。

对于一个 Pod 来说，满足其调度要求的节点叫作可调度节点，如果一个 Pod 没有可调度节点，那么它将停留在未调度的状态直至可调度节点出现。在 Kubernetes 集群中，根据 Pod 和 Pod 中容器的不同需求，调度程序会过滤掉所有不满足 Pod 调度需求的节点（PodFitsResources 过滤函数会检查候选节点的可用资源能否满足 Pod 的资源请求）。在过滤之后会得出一个节点列表，里面包含了所有可调度节点（当然，我们之前也介绍过，在创建 Pod 时可以将它分配到一个指定的节点上，但这种操作仅在少数情况下使用）。kube-scheduler 找出了 Pod 的所有可调度节点之后，会根据一系列函数对这些节点进行评分，再选出其中评分最高的节点，将 Pod 分配到该节点上。如果出现了多个评分最高的节点，那么 kube-scheduler 会在其中随机选择一个进行分配。

我们可以使用调度配置这一方式配置调度器的过滤和评分行为。通过编写配置文件，并将其路径传给 kube-scheduler 的命令行参数，以定制 kube-scheduler 的行为。

调度模板（Profile）允许我们配置 kube-scheduler 中的不同调度阶段。每个调度阶段都暴露于某个扩展点中，插件通过实现一个或多个扩展点来提供调度行为。

一个简单的配置文件 config-kube-scheduler.yaml 如下，通过运行 kube-scheduler --config config-kube-scheduler.yaml 可应用该调度模板：

```
apiVersion: kubescheduler.config.k8s.io/v1
kind: KubeSchedulerConfiguration
clientConnection:
  kubeconfig: /etc/srv/kubernetes/kube-scheduler/kubeconfig
```

2. 扩展点

调度行为发生在一系列阶段中，这些阶段是通过以下扩展点公开的。

- queueSort：对调度队列中悬决的 Pod 排序。一次只能启用一个 queueSort 插件。
- preFilter：用于在过滤之前预处理或者检查 Pod 或集群的信息。它们可以将 Pod 标记为不可调度。
- filter：用于过滤不能运行 Pod 的节点。过滤器的调用顺序是可配置的，如果没有一个节点通过所有过滤器的筛选，Pod 将会被标记为不可调度。
- postFilter：当无法为 Pod 找到可用节点时，按照 postFilter 插件的配置顺序调用它们。如果任何 postFilter 插件将 Pod 标记为可调度，则不会调用其余插件。
- preScore：一个信息扩展点，可用于预评分工作。
- score：用于给通过过滤阶段的节点评分。调度器会选择得分最高的节点。
- reserve：一个信息扩展点，当资源已经预留给 Pod 时，会通知插件。这些插件还实现了 Unreserve 接口，在 Reserve 期间或之后出现故障时调用。

- permit：用于阻止或延迟 Pod 绑定。
- preBind：在 Pod 绑定节点之前执行的操作。
- bind：用于将 Pod 与节点绑定。bind 插件是按顺序调用的，只要有一个插件完成了绑定，则会跳过其余插件。至少需要一个 bind 插件。
- postBind：一个信息扩展点，在 Pod 绑定了节点之后调用。
- multiPoint：一个仅配置字段，允许同时为所有适用的扩展点启用或禁用插件。

对于每个扩展点，我们可以禁用默认插件或弃用自己的插件，例如：

```
apiVersion: kubescheduler.config.k8s.io/v1
kind: KubeSchedulerConfiguration
profiles:
  - plugins:
      score:
      disabled:
      - name: PodTopologySpread
      enabled:
      - name: MyCustomPluginA
        weight: 2
      - name: MyCustomPluginB
        weight: 1
```

我们可以在 disabled 数组中使用“*”来禁用该扩展点的所有默认插件，如禁用 score 扩展点的所有默认插件：

```
...
score:
    disabled:
    - name: '*'
...
```

3. 调度插件

接下来简单介绍一下默认启用的插件，它们实现了一个或多个扩展点。

- ImageLocality：选择已经存在 Pod 运行所需容器镜像的节点。实现了 score 扩展点。
- TaintToleration：实现了污点和容忍。实现了 filter、preScore、score 三个扩展点。
- NodeName：检查 Pod 指定的节点名称与当前节点是否匹配。实现了 filter 扩展点。
- NodePorts：检查 Pod 请求的端口在节点上是否可用。实现了 preFilter、filter 两个扩展点。
- NodeAffinity：实现了节点选择器和节点亲和性。实现了 filter、score 两个扩展点。

- PodTopologySpread：实现了 Pod 拓扑分布。实现了 preFilter、filter、preScore、score 四个扩展点。
- NodeUnschedulable：过滤 .spec.unschedulable 值为 true 的节点。实现了 filter 扩展点。
- NodeResourcesFit：检查节点是否拥有 Pod 请求的所有资源。评分可以使用以下三种策略之一：LeastAllocated（默认）、MostAllocated 和 RequestedToCapacityRatio。实现了 preFilter、filter、score 三个扩展点。
- NodeResourcesBalancedAllocation：调度 Pod 时，选择资源使用更为均衡的节点。实现了 score 扩展点。
- VolumeBinding：检查节点是否有请求的卷，或是否可以绑定请求的卷。实现了 preFilter、filter、reserve、preBind、score 五个扩展点。
- VolumeRestrictions：检查挂载到节点上的卷是否满足卷提供程序的限制。实现了 filter 扩展点。
- VolumeZone：检查请求的卷是否在任何区域都满足。实现了 filter 扩展点。
- NodeVolumeLimits：检查该节点是否满足 CSI 卷限制。实现了 filter 扩展点。
- EBSLimits：检查节点是否满足 AWS EBS 卷限制。实现了 filter 扩展点。
- GCEPDLimits：检查该节点是否满足 GCP-PD 卷限制。实现了 filter 扩展点。
- AzureDiskLimits：检查该节点是否满足 Azure 卷限制。实现了 filter 扩展点。
- InterPodAffinity：实现了 Pod 间亲和性与反亲和性。实现了 preFilter、filter、preScore、score 四个扩展点。
- PrioritySort：提供默认的基于优先级的排序。实现了 queueSort 扩展点。
- DefaultBinder：提供默认的绑定机制。实现了 bind 扩展点。
- DefaultPreemption：提供默认的抢占机制。实现了 postFilter 扩展点。

4. 多配置文件

我们还可以使 kube-scheduler 同时应用多个配置文件，每个配置文件都有一个关联的调度器名称，并且可以在其扩展点中配置一组不同的插件。

在如下的示例文件中，kube-scheduler 将应用两个配置文件，分别是使用默认插件和禁用所有评分插件：

```
apiVersion: kubescheduler.config.k8s.io/v1beta2
kind: KubeSchedulerConfiguration
profiles:
  - schedulerName: default-scheduler
```

```
  - schedulerName: no-scoring-scheduler
    plugins:
      preScore:
        disabled:
        - name: '*'
      score:
        disabled:
        - name: '*'
```

Pod 的配置项中也有 schedulerName，对于一个 Pod，如果我们想使用特定的配置文件来调度它，可以在 .spec.schedulerName 字段中指定。

默认情况下，系统将创建一个 default-scheduler 的配置文件，这个文件包括了上面描述的所有默认插件。如果 Pod 没有指定 schedulerName，kube-apiserver 会将其设置为 default-scheduler。

要特别注意的是，所有配置文件必须在 queueSort 扩展点使用相同的插件，并具有相同的配置参数。因为调度器只有一个保存 Pending 状态 Pod 的队列。

5. kube-scheduler 性能调优

在大规模集群中，我们可以调节一些参数来平衡调度的延迟（新 Pod 就位的时间）和精度（调度器做出满意决策的概率）以达到性能调优的效果。

我们可以通过 kube-scheduler 中的 percentageOfNodesToScore 来进行这个调优设置，它决定了调度集群中节点的阈值。需要编辑的是 /etc/kubernetes/config/kube-scheduler.yaml 配置文件。percentageOfNodesToScore 选项支持从 0 到 100 之间的整数值。其中 0 表示 kube-scheduler 应该使用其编译后的默认值。如果设置的 percentageOfNodesToScore 值超过了 100，则效果等价于 100。编辑后重启调度器即可生效。

修改完成后，可以执行下面的命令来检查该 kube-scheduler 组件是否健康：

```
kubectl get pods -n kube-system | grep kube-scheduler
```

要提升调度性能，我们可以让 kube-scheduler 在找到足够的可调度节点之后停止查找。在大规模集群中，与查找所有可调度节点相比，该方法往往可以节省很多时间。

我们可以通过使用整个集群节点总数的百分比来作为阈值以指定需要多少节点。kube-scheduler 会将它转换为节点数的整数值。在调度期间，如果 kube-scheduler 已确认的可调度节点数满足了配置的百分比数量，kube-scheduler 将停止继续查找可调度节点，并直接进入为节点评分的环节。如果不指定阈值，Kubernetes 会使用线性公式计算出一个比例，如对于节点数小于 100 的集群取 50%，对于节点数小于 5000 的集群取 10%。这个自动设置的参数的最低值是 5%。所以调度器默认至少会对集群中 5% 的节点进行评分，除非用户将该参数设置得低于 5。

percentageOfNodesToScore 的设置示例如下：

```
apiVersion: kubescheduler.config.k8s.io/v1alpha1
kind: KubeSchedulerConfiguration
algorithmSource:
  provider: DefaultProvider
...
percentageOfNodesToScore: 50   # 找到总节点数 50% 的可调度节点后停止查找
```

前面提到 percentageOfNodesToScore 的值应处于 0～100 范围内，且 0 的含义是根据集群规模对应的默认值来设定节点个数。此外，当集群中的可调度节点少于 50 个时，调度器仍然会去检查所有的节点。这个值是硬编码在程序中的，可调度节点太少，不足以停止调度器最初的过滤选择。所以我们也可以推断出，在小规模集群中，如果将 percentageOfNodesToScore 设置为一个较低的值，就可能使得按百分比计算出来的节点数小于 50，所以调度器在满足这个节点数后仍会继续寻找。如果集群只有几百个或者更少的节点，我们建议保持这个配置的默认值，即使改变它，也很难对调度器的性能有明显的提升。

需要特别注意的是，当调度器寻找到足够的可调度节点后，调度器会停止检查剩余节点，所以在剩余节点中很可能存在在评分阶段能获评很高分数的节点，而这样的节点却又无法进入评分阶段。所以我们应该考虑，高评分的节点在我们的实际应用场景中重要程度有多大。对于一个场景，如果我们觉得在可调度节点中，高评分和低评分节点运行 Pod 并无多少差别，那么我们才应该优先考虑较低的 percentageOfNodesToScore 值。

本章小结

在本章中，我们对 Kubernetes 体系中一些实用的进阶性内容进行讲解，包括 Kubernetes API 访问控制、Pod 的计算资源管理、自动伸缩 Pod 与集群节点以及高级调度四节内容，以帮助 Kubernetes 集群管理者处理好生产场景中可能遇到的典型情况，如为不同的用户分配不同的权限、系统资源有限、Pod 对调度的节点有要求等。

章末练习

5-1 请简述 Kubernetes API 访问控制的过程。

5-2　请简单介绍 Kubernetes 中管理计算资源的方式和相关资源对象。

5-3　请简述 Kubernetes 中的 Pod 自动伸缩机制。

5-4　Kubernetes 中污点的效果有哪些？

推荐阅读

机器学习：工程师和科学家的第一本书

作者：Andreas Lindholm 等 译者：汤善江 等 书号：978-7-111-75369-8 定价：109.00元

本书条理清晰、讲解精彩，对于那些有数学背景并且想了解有监督的机器学习原理的读者来说，是不可不读的。书中的核心理论和实例为读者提供了丰富的装备，帮助他们在现代机器学习的丛林中自由穿行。

—— Carl Edward Rasmussen 剑桥大学

本书专为未来的工程师和科学家而作，涵盖机器学习领域的主要技术，从基本方法（如线性回归和主成分分析）到现代深度学习和生成模型技术均有涉及。作者在学术严谨性、工程直觉和应用之间实现了平衡。向所有机器学习领域的新手推荐本书！

——Arnaud Doucet 牛津大学